Mehr Licht im dunklen Weltteil.

Betrachtungen

über die

Kolonisation des tropischen Afrika

unter besonderer Berücksichtigung

des

Sansibar-Gebiets

von

Dr. G. A. Fischer,

prakt. Arzt in Sansibar.

Hamburg.

L. Friederichsen & Co.

Geographische und nautische Verlagshandlung, Land- und Seekartenhandlung.

1885.

Vorwort.

Vor kurzem sagte ein Freund zu mir: „Es giebt jetzt viele Leute bei uns, die von bedenklichem Afrikafieber ergriffen sind.“ Ich antwortete: „Eben bin ich dabei, ein Rezept zu verschreiben.“ — Hier ist dasselbe. Es beruht auf den siebenjährigen Erfahrungen meiner ärztlichen und nichtärztlichen Thätigkeit und ist gewissenhaft zusammengesetzt. Möge es den Patienten gut bekommen. Es ist nicht deshalb geschrieben, um denselben Afrika zu verleiden — Verfasser ist selbst ein eifriger Anhänger der Kultivation Afrikas —, sondern um ihnen die Fieberdelirien zu vertreiben, die ein klares Denken und eine nüchterne Auffassung der Verhältnisse nicht gestatten.

Berlin,
im März 1885.

Dr. G. A. Fischer,
praktischer Arzt und Afrikareisender.

Inhalt.

Das Wort der alten Römer: Semper aliquid novi ex Africa bewahrheitet sich auch heute noch und zwar in jüngster Zeit mehr denn je. Nicht nur folgen Entdeckungen auf Entdeckungen, auch in politischer Beziehung vergeht jetzt kaum ein Tag, der nicht diese oder jene interessante Neuigkeit aus Afrika brächte.

Afrika gilt jetzt allgemein als das Land der Zukunft. Der Weltteil, welcher früher als unfruchtbar, Tod und Verderben bringend verschrieen war, derselbe Weltteil, glaubt man jetzt, berge große Reichtümer und biete wegen seines gesunden Klimas und seines ergiebigen Bodens dem Landmann gute Aussichten. Jedoch die schönen und großen Hoffnungen, welche man sich in Bezug auf die Vorteile macht, die Afrika speziell dem Handel und Verkehr unseres Vaterlandes bieten soll, sind vielfach derart, daß ein Rückschlag ins Gegenteil nicht ausbleiben wird, sobald sich erst eine nüchterne Auffassung und ruhige Beurteilung der Verhältnisse Bahn gebrochen hat und sobald die großen Schwierigkeiten mehr in Erwägung gezogen werden, welche Land und Klima dem europäischen Einwanderer bereiten. Es ist unglaublich, welchen falschen Vorstellungen, welchen Illusionen man in der Hinsicht selbst bei Leuten begegnet, denen man eine größere Sachkenntnis und ein unbefangeneres Urteil zutrauen sollte. Wenn aber selbst von Personen, welche das Ausland und die Tropen kennen gelernt haben, Behauptungen aufgestellt werden, wie die in einem umlängst erschienenen Schriftchen über Kolonisation, daß Ostafrika ein zweites Indien sei und für den deutschen Auswanderer von großer Bedeutung werden könne, so darf man sich allerdings nicht wundern, daß das größere Publikum, auf die Autorität solcher Männer gestützt, sich kühnen und abenteuerlichen Hoffnungen hingiebt in Bezug auf die Kolonisation Afrikas und die für Deutschland aus den afrikanischen Besitzungen zu erzielenden Vorteile.

Es dürfte daher wohl am Platze sein, einmal die Verhältnisse Afrikas einer nüchternen und objektiven Darstellung zu unterziehen, die Punkte hervorzuheben, auf die es bei der Kultivierung dieses Landes ankommt und zu untersuchen, welche Vorteile namentlich Deutschland bei der Nutzbarmachung dieses Erdteils zu erwarten hat. Es ist bei allen Unternehmungen besser, daß der Nutzen, den man sich verspricht, in der Zukunft sich als größer und bedeutender erweist, als daß die Erfolge hinter den gehegten Erwartungen weit zurückbleiben.

Handelsverhältnisse.

Richten wir zunächst unsere Aufmerksamkeit auf die uns hier vorzüglich interessierenden Handelsverhältnisse von Westafrika im engeren Sinne und dem Sansibargebiet, so muß es auffallen, daß die Ein- und Ausfuhr in gar keinem Verhältnisse zu der enormen Ausdehnung der Handelsgebiete steht. Was das letztgenannte Gebiet betrifft, welches sich über eine Ländermasse von mehr als 20,000 Quadratmeilen erstreckt, so ist es gewiß bemerkenswert, daß acht auf der Insel Sansibar ansässige europäische Firmen — darunter drei deutsche, — von denen nur etwa die Hälfte ein bedeutendes Geschäft macht, hinreichen, um den Handel in jeder Beziehung auszubeuten. Schon jetzt wird über zu große Konkurrenz geklagt. Wiederholt haben neue Häuser versucht, festen Fuß zu fassen, aber nur mit geringem oder gar keinem Erfolge. Das Importgeschäft liegt so gut wie vollständig in den Händen der Weißen, welche die europäischen respective amerikanischen Artikel nur auf Kommission den indischen Großhändlern liefern. Sansibar beherbergt nämlich eine bedeutende Anzahl mohamedanischer und buddhistischer von Bombay und Cutsch stammender Indier, welche den Vertrieb der europäischen Waren, wie auch den Zwischenhandel mit den Landesprodukten zum größten Teil in Händen und sich an allen Küstenplätzen angesiedelt haben. Sie sind tüchtige und geschickte Handelsleute, wenn sie auch in Bezug auf Reellität nicht gerade großes Vertrauen beanspruchen können.

Der Gesamtumsatz des Sansibarhandels beläuft sich jährlich auf ca. 35 Millionen Mark, gewiß eine sehr geringfügige Summe gegenüber der enormen Ausdehnung des Handelsgebietes. Deutschland partizipiert hieran mit ca. 4½ Millionen, es importiert für ca. 3 und exportiert für ca. 1½ Millionen Mark. Dabei ist aber von Bedeutung, daß der größte Teil der von deutschen Firmen importierten Waren nicht deutschen Ursprungs ist. So werden die Baumwollstoffe, der Hauptkonsumartikel, von England, Amerika und neuerdings auch Indien geliefert, die Gewehre sind ausschließlich belgisches Fabrikat und die Perlen kommen vorwiegend von Venedig. Der Wert der von deutschen Fabriken bezogenen Artikel beläuft sich auf ca. 1 Million Mark; mehr als diese bescheidene Summe kommt in dem ostafrikanischen Handel der deutschen Industrie nicht zu gute. Früher war das Verhältnis noch viel ungünstiger. In den letzten zehn Jahren haben besonders durch die Bemühungen eines Hamburger Hauses, dessen Agenten selbst pekuniäre Opfer nicht scheuten, einige deutsche Fabrikate Eingang gefunden und vermögen sich nunmehr siegreich zu behaupten. Dies sind folgende Artikel: Eisen-, Messing-, Kupferdraht, Schießpulver, Stangeneisen, Steinzeug, Glaswaren, Spirituosen, Tuche, Kurzwaren aller Art und einige Sorten Perlen. Bei dem großen Hange am Althergebrachten und Gewohnten hält es außerordentlich schwer, neue Gegenstände einzuführen und die Händler zu bestimmen, sich anderer Bezugsquellen zu bedienen. Früher kamen alle oben angeführten Artikel aus England. Die billigere deutsche Waare ist freilich auch weniger dauerhaft, das wissen die indischen Händler sehr wohl. Es hat sich infolge dessen die Ansicht eingebürgert, als ob Deutschland überhaupt nur schlechtere Ware fabriziere. Alle deutschen Fabrikate seien billig und schlecht, ist ein gewöhnlicher Ausspruch der Händler. Man kann das den ungebildeten Leuten nicht verübeln, wenn man sieht, daß alles, was von Deutschland importiert wird, von sehr geringer Qualität ist. So ist es z. B. auch mit dem Schießpulver, welches der Sultan durch ein Hamburger Haus bezieht. Nach den Handelsverträgen ist der Sultan nicht berechtigt, einen Artikel zu monopolisieren, er hat sich aber in der Weise zu helfen gewußt, daß er seinen Unterthanen verbot, Pulver von irgend jemanden anderem, als von ihm zu kaufen. Er macht mit diesem billigen deutschen Fabrikate, einem Gemische, daß kaum noch den Namen Pulver verdient, ein gutes Geschäft. Auch in Bezug auf Jagdgewehre, die von Arabern oft zu hohen Preisen gekauft werden, besteht noch ein Vorurteil gegen deutsches Fabrikat; überhaupt hört man bei einem jeden europäischen Gegenstande, der den Eingeborenen auf Sansibar oder an der Küste gezeigt wird, die Frage, ob es englische Arbeit sei. Ich habe mich oft genug geärgert, wenn ein einfältiger Neger mir demonstrierte, daß alle guten Sachen nur aus England kämen.

Der Import deutscher Waren und vor allem auch solcher von besserer Qualität würde vielleicht nicht unwesentlich zunehmen, sobald erst zwischen Deutschland und Ostafrika eine regelmäßige Dampfschiffsverbindung eingerichtet wäre. Jetzt, wo man bei Dampferladungen auf den Umweg über London angewiesen ist, wird der Transport der Waren zu sehr verteuert.

Bei den aus Deutschland importierten Waren ist aber ferner noch zu beachten, daß nur ein sehr geringer Teil für den eigentlichen afrikanischen Handel mit den Eingeborenen in Betracht kommt. Es sind das fast ausschließlich die verschiedenen Drahtsorten. Die Spirituosen werden meist von den Goanesen, den Abkömmlingen der alten portugiesischen Kolonie Goa in Ostindien, auf Sansibar selbst verkauft und nach der kleinen Insel Pemba eingeschmuggelt, wohin der Sultan die Einfuhr untersagt hat. Die Konsumenten sind Goanesen, Neger und besonders Araber, deren mohamedanisches Gewissen gegenüber dem Genuß von alkoholischen Getränken und dem Handel mit denselben sich durch den langjährigen Verkehr mit den Europäern erweitert hat. An der Küste wird von diesen Spirituosen wenig verbraucht, bei den Negerstämmen findet man sie fast gar nicht, weil die meisten Mohamedaner doch den Handel mit diesen verpönten Dingen verabscheuen. Nur auf der Karawanenstraße Bogamojo-Ujiji wird der Rum von den Sansibar-Arabern in größerer Menge mitgeführt und hauptsächlich in dem Lande Uniamwesi abgesetzt. Es mag von diesem Gifte etwa für 80,000 Mark jährlich importiert werden, eine Menge, die Dank der mohamedanischen Vorschriften verhältnismäßig gering ist. Mit der fortschreitenden Zivilisation wird das anders werden. Viele andere deutsche Artikel werden für die mohamedanischen Bewohner Sansibars und der Küste importiert, ein großer Teil wird auch von den Indiern konsumiert. In Zukunft wird in dem ostafrikanischen Handel von deutschen Fabrikaten der Absatz von Spirituosen und Schießpulver einer größeren Steigerung fähig sein (wenngleich ersteres wohl kaum wünschenswert), während der Verbrauch der Drahtsorten, die fast ausschließlich als Schmuckgegenstände für die Eingeborenen im Inneren Verwendung finden, seinen Höhepunkt erreicht hat und mit der Zeit einen Rückgang erfahren wird. Nächstdem dürften Messer, Eisengeräte und etwa noch Steingutwaren bei den Eingeborenen Eingang finden, wenn auch nur sehr langsam und in beschränktem Maße. Baumwollenstoffe, die Deutschland nicht importiert, werden immer die Hauptsache bleiben. Wir kommen später noch einmal auf diesen Punkt zurück. —

Wie übrigens der Handel im allgemeinen bei den herrschenden Zuständen einer besonderen Steigerung fähig sein soll, ist nicht recht einzusehen; in gewisser Beziehung ist vielmehr ein Rückgang zu befürchten. Denn infolge des Verbots der Sklaveneinfuhr fehlen für manche Unternehmungen die Arbeitskräfte; ferner muß auch das Elfenbein durch die Ausrottung der Elefanten abnehmen. Es ist von neuen Absatzgebieten gesprochen worden, die sich dem deutschen Handel in Sansibar eröffnen könnten; was man damit gemeint, ist für den, der nur einigermaßen mit den dortigen Handelsverhältnissen vertraut ist, vollkommen unklar. Wo sollen die neuen Absatzgebiete wohl liegen? Ist doch kein Fleckchen des dem Sansibarhandel tributären Gebietes vorhanden, welches nicht durch die arabischen Händler seit einer Reihe von Jahren mit allen Tauschartikeln versorgt wird; auch sind auf Sansibar leistungsfähige und unternehmende Firmen genug, welche nichts unversucht lassen, um ihren Artikeln neue Absatzgebiete zu verschaffen.

Als Ausfuhrartikel kommen für Sansibar folgende in Betracht: Elfenbein, Kautschuk, Gewürznelken, Kopal, Häute, Koprah, Orseille, roter Pfeffer, Sesamsaat, Arachiden (Erdnüsse). Andere Dinge wie Grenadillholz, Schildpatt, Straußenfedern und Wachs kommen nur in geringer Quantität zur Ausfuhr. Die Gesammtmenge dieser Produkte des Sansibargebietes repräsentiert einen Wert von ca. 20 Millionen Mark. Das ist ein Land zu liefern imstande, welches 20,000 Quadratmeilen umfaßt! Die Verhältnisse erscheinen aber noch ungünstiger, wenn man bedenkt, daß, abgesehen vom Elfenbein, alle obengenannten Produkte nur von einem mehr oder weniger schmalen Küstenstriche geliefert werden, der eine Längenausdehnung von mindestens 230 deutschen Meilen hat, und daß das weite Innere außer Elfenbein keinen Artikel aufzuweisen hat, der sich lohnte zur Küste transportiert zu werden. Die wertvollen Gewürznelken, von denen jährlich 4,200,000 Kilo in den Handel kommen, gedeihen nur auf Sansibar und der kleinen Insel Pemba. Der Kokosnußbaum verlangt, wie bekannt, Seeklima und findet sich nur an dem Küstenstriche selbst; Kopal, jenes fossile, dem Bernstein ähnliche Harz, kommt vorzugsweise von den Küstenorten Ngáu und Kiloa, ist aber, seitdem der australische Kaurikopal in Konkurrenz getreten, so im Preise gesunken, daß die Gewinnung sich nur mit Sklavenarbeit lohnen dürfte. Kautschuk liefert Ostafrika in geringer Quantität und zugleich weniger guten Qualität; nördlich von Mombassa findet er sich nicht mehr. Er stammt hauptsächlich aus den südlich von der Insel Sansibar gelegenen Küstengebieten, doch sind hier in den der Küste näher gelegenen Distrikten die wertvollen Pflanzen bereits fast vollständig durch die rohe und unkluge Art, den teuren Milchsaft zu gewinnen, ausgerottet. In den ausgedehnten im allgemeinen wenig bewaldeten Hochebenen des centralen Ostens findet sich weder Ficus elastica noch die Landolphia-Ranke. Der rote Farbstoff, den die Orseille-Flechte liefert, wird gewiß mit der Zeit durch chemische Fabrikate vollkommen verdrängt werden; zudem rentiert sich das Sammeln dieser besonders auf Akazien wachsenden Flechtenart nur bei Sklavenarbeit. Die anderen als Exportartikel in Betracht kommenden Bodenprodukte: Sesamsaat, Erdnüsse, stammen ausschließlich von den an der Küste befindlichen Plantagen der Mohamedaner, roter Pfeffer nur von einem gewissen Distrikte der Insel Sansibar. Alle übrigen Produkte, die Sansibar liefern soll, wie Kaffee, Zimt, Muskatnüsse, Indigo, Baumwolle, existieren entweder gar nicht oder doch nur insofern, als die Gärten weniger reicher Araber einige Pflänzchen der Art aufweisen. Für den Exporthandel kommen diese Dinge aber nicht in Betracht, eben so wenig die Datteln, welche auch in den Gärten der Stadt gepflanzt werden. Der Boden der Insel ist nicht dazu geeignet, diese Kulturpflanzen in großem Maßstabe zu ziehen. Baumwollenstauden finden sich allerdings zerstreut auf den Plantagen der Insel und der Küste in einer Menge vor, daß die Mohamedaner ihre Kissen und Matratzen mit dem Erzeugnisse ausstopfen können: zu anderen Zwecken ist dasselbe aber kaum zu gebrauchen. Dagegen soll die bei Marka (Somaliküste) wachsende Baumwolle an Güte der egyptischen nicht nachstehen.

In Westafrika liegen die Verhältnisse kaum günstiger. Infolge des viel ausgedehnteren Küstengebietes — dasselbe verhält sich zu dem des Ostens wie 16 zu 11 — ist der Handel daselbst ein entsprechend größerer, die Exportartikel aber stehen auch dort in gar keinem Verhältnisse zu der ungeheuren Ausdehnung des Gebietes. Wir finden 12 deutsche Firmen, welche an ca. 24 verschiedenen Plätzen der Küste Niederlassungen besitzen. Die Exportartikel dieses Landes sind vorzüglich Palmkerne und Palmöl, während im Osten die Oelpalme nur in sehr geringer Anzahl auf der kleinen nördlich von Sansibar gelegenen Insel Pemba vorkommt. Aber auch im Westen gedeiht diese Palme nicht überall in gleicher Güte und Menge; von Gabun aus nach Süden ist die Quantität und Qualität des von ihr gelieferten Produktes geringer als an den nördlich davon gelegenen sogenannten Oelflüssen. Bei dem Kautschuk, den Westafrika in größerer Menge und besserer Qualität liefert, ist das Produktionsgebiet noch viel schärfer getrennt und begrenzt; vom Senegalgebiet abgesehen, wird solcher nördlich von Gabun gar nicht gewonnen; erst bei Gabun beginnt der Kautschukhandel, der sich dann bis in die portugiesischen Besitzungen erstreckt. Auch hier im Westen ist diese wertvolle Pflanze (Landolphia-Ranke) in manchen Distrikten infolge der rohen Behandlung bereits ausgerottet. Häute spielen im Westen nur eine sehr geringe Rolle im Exporthandel, Gewürznelken sind gar nicht vorhanden, Kopal steht an Güte hinter dem von Sansibar zurück. Ebenholz findet sich in größerer Menge, die übrigen oben für den Sansibarhandel angeführten Produkte zeigen keinen wesentlichen Unterschied. In den Schilderungen über die Reichtümer des Landes finden wir auch hier immer eine Anzahl von Produkten angeführt, die im Handel ohne Bedeutung sind, wie Baumwolle, Indigo, Tabak, wertvolle Gewürze. Zu erwähnen ist nur noch der Kaffee, welcher aus der Negerrepublik Liberia in sehr guter Qualität in den Handel kommt. Auch die portugiesischen Besitzungen in Südwestafrika liefern solchen, der aber hier nicht kultiviert ist, sondern von den wild wachsenden Pflanzen gesammelt wird. Nach Hamburg werden jährlich für ca. 9 Millionen Mark Produkte verladen, nach England für 40 Millionen.

Was die Importartikel betrifft, so stimmen diese im wesentlichen überein mit denen des Sansibarhandels. Leider sind es die Spirituosen, die hier den Haupthandel Deutschlands bilden. Danach rangiert das Schießpulver. Tabak wird in nicht geringer Quantität aus Deutschland eingeführt. Auch alte deutsche Militärgewehre sind hier auf den Markt gebracht worden, während die Hauptmasse der Gewehre ebenfalls vom Ausland bezogen wird; dasselbe ist mit Perlen der Fall. · Draht, Eisenwaren, Steinzeug, Glaswaren haben sich auch hier einen Platz errungen, aber der Hauptartikel des afrikanischen Marktes, die Baumwollenstoffe, werden, abgesehen von einer geringen Menge rheinischer und sächsischer Kattune, nicht von Deutschland geliefert. England hat es hauptsächlich seinen Baumwollstoffen zu verdanken, daß es in dem westafrikanischen Importhandel mit der stattlichen Summe von 40 Millionen Mark beteiligt ist.

Auch im Westen hat man zwischen der Küstenregion und dem Hochgebiet des Inneren zu unterscheiden. Alle genannten Exportartikel finden sich nur in ersterer. Das Innere bietet nichts, außer dem Elfenbein und in manchen Distrikten Ebenholz. Ob die Kautschuk liefernde Landolphia-Ranke in den Wäldern des centralen Westens sich vorfindet, ist noch nicht erwiesen. Die seit Jahrzehnten bis zu den Stanley-Fällen von Sansibar aus vordringenden arabischen Karawanen bringen von dorther nur Elfenbein zurück.

Wir wollen jetzt noch näher auf das Elfenbein eingehen, welches sowohl im östlichen wie westlichen Afrika eine große Rolle spielt und den einzigen Reichtum des ausgedehnten Binnenlandes ausmacht. Der Elefant, der dieses wertvolle Produkt liefert, ist bereits in allen Küstengebieten ausgerottet; 30—50 deutsche Meilen breit ist der Küstenstrich, wo er kaum noch angetroffen wird. In dem jüngst erworbenen deutschen Gebiete Ostafrikas ist er vollständig ausgerottet. Am Kongo beginnt der Elfenbeinhandel erst mit dem Stanley-Pool. In dem größten Teile Südafrikas ist der Elefant ausgestorben, und das große Handelsgebiet Egyptens liefert nur noch 150,000 Kilo jährlich. Im Westen trifft man ihn nur noch im Kamerunlande in verhältnismäßig geringer Entfernung von der Küste; im Osten ist noch ein kleines Gebiet im südlichen Galalande unter 3° s. Br., in dem man die Tiere zu gewissen Jahreszeiten in unmittelbarer Nähe der Küste erlegen kann. Ich habe sie hier wiederholt selbst gesehen.

Die Gesamtmenge des aus Afrika jährlich exportierten Elfenbeins beträgt ca. 800,000 Kilo. Rechnet man das Durchschnittsgewicht eines Zahnes zu 10 Kilo, so müssen jährlich 40,000 Elefanten ihr Leben lassen. Es kommen freilich auch Zähne von 170 Pfund vor, die einen Wert von 2000 Mark haben können; solche gehören aber zu den Seltenheiten. Man hört häufig die Ansicht aussprechen, daß soviele Tiere jährlich nicht getötet werden könnten und daß das Elfenbein von altersher stamme und teilweise ausgegraben würde. Das ist aber nicht der Fall. Alles Elfenbein, welches jetzt aus dem Inneren Afrikas geholt wird, kommt von frisch erlegten Tieren. In den an Elfenbein reichsten Gebieten des centralen Ostens trifft es sich nicht selten, daß eine Karawane schlechte Geschäfte macht, weil die eingeborenen Jäger nicht viele Elefanten erlegt haben. In der Regel wird alljährlich alles vorhandene Elfenbein aufgekauft; wenn die erforderlichen Transportmittel fehlen, wird eine gewisse Menge von Zähnen vergraben, um im nächsten Jahre abgeholt zu werden. Auch haben die Eingeborenen vielfach die Gewohnheit, die erbeuteten Zähne zu vergraben, einmal, weil das sehr bequem ist, nnd dann auch weil der Schatz so den mißgünstigen Augen anderer am besten verborgen bleibt.

Das beste und verhältnismäßig auch das meiste Elfenbein liefert Sansibar, nämlich 200,000 Kilo, die aus einem 20,000 Quadratmeilen umfassenden Gebiete herkommen. Genaue Aufstellungen darüber giebt es nicht, doch dürfte die angegebene Menge nach den zuverlässigen Angaben der indischen Zollpächter der Wirklichkeit entsprechen. Der Westen, in dem das Kongogebiet allein einen Flächenraum von fast 60,000 Quadratmeilen ausmacht, liefert 250,000 Kilo; hierbei ist jedoch zu berücksichtigen, daß ein Teil des oberen Kongo-Gebietes noch von den Sansibar-Arabern ausgebeutet wird. Trotzdem steht der Westen bedeutend hinter dem Osten zurück, denn die portugiesische Provinz Mozambique vermehrt die Exportmenge des Ostens noch um weitere 100,000 Kilo. Im Westen verteilt sich die Elfenbeinausfuhr folgendermaßen: das Nigergebiet bringt 75,000,

Gabun, Kamerun und Lagos ebensoviel, Ambriz, Loanda, Benguela und Mossamedes 100,000 Kilo jährlich in den Handel. Von anderen Gebieten liefern das rote Meer und das Cap je 50,000 Kilo jährlich. Das von Sansibar und der Westküste stammende geht zum Teil nach Hamburg, das übrige nach London, Amerika und Indien.

Diese 800,000 Kilo repräsentieren einen Wert von höchstens 16 Millionen Mark. Das ist alles, was eine Ländermasse bietet, die — wenn man nur die Elfenbein liefernden Gebiete berücksichtigt — Europa an Größe übertrifft. Was die Qualität betrifft, so ist dieselbe je nach der Lokalität eine sehr verschiedene. Das Sansibarelfenbein ist im allgemeinen das wertvollste; im Westen ist das von Ambriz stammende das beste, während das Senegal- und Niger-Elfenbein am niedrigsten im Preise steht. Die Zähne der weiblichen Elefanten erreichen zwar niemals die Länge und Dicke der männlichen, sind aber um so geschätzter, weil sie schön schlank gewachsen, von gleichmäßiger Stärke und nicht zu dick sind, so daß sie sich z. B. vorzüglich zur Herstellung von Billardkugeln eignen.

Seitdem der Sklavenhandel keine Rolle mehr spielt, ist es nur diese gesuchte und teure Substanz, die eine große Anzahl mohamedanischer Karawanen von Egypten wie von Sansibar veranlaßt, in das Innere zu dringen und unter den größten Gefahren und Entbehrungen die kostbaren Zähne von den eingeborenen Jägern zu erhandeln. Die Endstationen der Araber und mohamedanischen Küstenbewohner des Sansibargebietes bilden der Niassa-See, Nyangwe am Kongo, Uganda am Victoria-Nianza und der Mbaringo-See.

Im Westen sind es vorzugsweise die Negerstämme der Küstenregion, welche bis tief in das Innere hinein den Elfenbeinhandel vermitteln.

Aus den obigen Angaben über die Menge dieses Handelsproduktes im Verhältnisse zu der Ausdehnung des produzierenden Gebietes geht schon an und für sich klar hervor, daß es sich für den europäischen Kaufmann nicht lohnen wird, allein dieses Handels wegen das Innere aufzusuchen, auch nicht unter Umständen, die ihm, wie z. B. ein schiffbarer Fluß, das Eindringen sehr erleichtern und weniger kostspielig machen. Selbst wenn wir die Elfenbeinmenge, welche das Kongogebiet jährlich zu liefern imstande ist, auf 100,000 Kilo annehmen, verteilt sich dieselbe doch über eine solche Länderstrecke, daß man auch bei sehr zahlreichen Stationen nur auf einen geringen Teil rechnen kann. Eingeborene Agenten würde man auch unter diesen Umständen nicht ganz entbehren können, welche in der weiteren Umgebung der Stationen das Elfenbein aufzusuchen hätten, denn wenn man darauf warten wollte, bis die Eingeborenen von ihren altgewohnten Handelswegen abließen und die Ware zu den Stationen brächten, so würde man wohl niemals viele Zähne zu sehen bekommen. In Gebieten, wo keine schiffbaren Flüsse vorhanden sind, und alles auf den Köpfen der Neger transportiert werden muß, ist ein Elfenbeinunternehmen natürlich viel langweiliger und unsicherer. Nehmen wir z. B. eins der besten Elfenbeingebiete im Sansibarterritorium an, welches zwischen dem Viktoria-Nianza und den Schneebergen gelegen ist, so kommen aus diesem jährlich 35,000 Kilo in der kleinen Küstenstadt Pangani zusammen. Um dieses Quantum, das eine Summe von 700,000 Mark ausmacht, zu gewinnen, müßte man mindestens 10 Karawanen absenden oder ebensoviel Stationen im Inneren anlegen. Auch hier könnten mohamedanische Agenten nicht entbehrt werden, um die Eingeborenen in ihren Schlupfwinkeln aufzusuchen. Denn in dem gesamten ostafrikanischrn Elfenbeinhandel ist es Sitte, daß der Käufer den Verkäufer zu dem Orte hingeleitet, wo das Wertobjekt verborgen liegt. Zuweilen läßt der Besitzer sich auch darauf ein, dasselbe durch Träger holen zu lassen. Das eigentliche Handeln geschieht mit Vorliebe des Nachts, es beginnt und schließt mit Geschenken, die der Verkäufer empfängt. Es kann einen Tag dauern, aber auch 10 Tage und 10 Nächte, denn für den Neger ist Zeit nicht Geld. Dem Europäer vergeht dabei die Geduld, er reibt sich dabei auf und wird krank. Wenn man glaubt Handels einig geworden zu sein, kommt das Weib und verlangt eine Sorte Perlen, die gerade aufgegangen oder nicht vorhanden ist; alle Zeit und Mühe ist dann oft vergebens gewesen. Wer den Elfenbeinhandel im Inneren kennen gelernt hat, wer da weiß, wie viele Anstrengungen und Entbehrungen zu ertragen sind, um nur eine geringfügige Menge Elfenbeins zu erhandeln, der muß vor einer jeden Unternehmung warnen, welche allein auf diesen Handel ausgeht, und dieser allein ist nur möglich, da außer dem Elfenbein kein wertvolles Produkt im Inneren bekannt ist. Selbst die Araber machen keine guten Geschäfte, denn was in der einen Unternehmung gewonnen wird, geht in der anderen wieder verloren. In gewissen Distrikten kann man freilich einen Zahn, der an der Küste 300 Mark Wert hat, mit 100 Mark (Transportkosten eingerechnet) kaufen; zuweilen kommt es aber auch vor, daß die Karawanen mit einem Teile ihrer Waren zurückkehren, weil sie nicht viel Elfenbein angetroffen haben, oder daß sie durch die Eingeborenen beraubt oder von anderem Unglück betroffen werden. Was aber diese Leute schon einen Gewinn und Reichtum nennen, damit würde nicht der jüngste Commis in einem überseeischen Geschäfte zufrieden sein. Der Europäer hat aber immer noch zu bedenken, daß er, abgesehen von aller persönlichen Gefahr, niemals so billig zu reisen imstande ist wie der Araber und der Eingeborene, daß er viele Dinge mitschleppen muß, die jenen entbehrlich sind, daß er die Träger nicht zu dem billigen Lohne erhält, und daß er auch niemals das Elfenbein zu dem niedrigen Preise einkaufen wird, wie der eingeborene Händler. Im Inneren sind letztere dem Europäer in jeder Beziehung überlegen.

Man könnte den Elfenbeinhandel mit Recht den Krebsschaden Afrikas nennen. Seine schädlichen Folgen machen sich besonders nach drei Richtungen hin bemerkbar. Vor allem werden dadurch die Eingeborenen instand gesetzt, sich die wenigen Dinge, deren sie bedürfen, auf die leichteste und bequemste Weise zu verschaffen, infolge dessen werden sie von jeder ernsteren Arbeit, besonders von der Bodenkultur zurückgehalten. Auch die mohamedanischen Bewohner der Sansibarküste schließen sich vielfach lieber mit ihren Sklaven einer Elfenbeinkarawane an, als daß sie sich mit dem mühsameren und weniger einbringlichen Ackerbau abgäben. Ferner ist es besonders der Elfenbeinhandel, welcher das in ökonomischer und moralischer Beziehung nachteilige aber einstweilen freilich noch unersetzbare „Trust-System" aufrecht erhält. Im Westen sind es die Europäer selbst, welche den an der Küste ansässigen Negern, die weder selbst etwas besitzen, noch irgend welche Garantien bieten können, größere Vorschüsse in Waren geben, für die sie Landesprodukte einkaufen sollen, die, wie z. B. das Elfenbein, weit aus dem Inneren stammen. Hierbei können die schlechten Eigenschaften des Negers so recht zur Entwickelung kommen. Im Osten ist es einzig und allein das Elfenbein, welches die an der Küste ansässigen Indier veranlaßt, den

Suaheli, Mischlingen, Freigelassenen und selbst Sklaven bedeutende Werte in Waren vorzustrecken, die sie nach Monaten in Elfenbein zurückerstatten müssen. Früher waren die indischen Kaufleute gegenüber den Betrügereien und Diebereien jener Händler vollkommen machtlos. Wenn nämlich ein solcher nach seiner Rückkehr behauptete, er habe keine Geschäfte gemacht, so konnte der arabische Gouverneur nichts ausrichten. In letzter Zeit ist die Anordnung getroffen worden, daß kein Zahn verkauft werden darf, ohne auf dem Zollhause abgestempelt worden zu sein. Nun ist wenigstens eine Kontrolle möglich und es hält schwerer, Elfenbein, welches bei Seite gebracht worden ist, zu verwerten. Trotzdem werden die Gläubiger noch immer auf die raffinierteste Weise hintergangen und betrogen, da die Händler gewisser Küstenplätze mit wenigen Ausnahmen sich zu einer wohlgeschulten Diebsbande organisiert haben. Ungeachtet der großen Verluste können sich diese indischen Geschäfte doch halten und sollen auch noch teilweise guten Gewinn erzielen. Die Zinsen, welche verlangt werden, sind ja auch enorm; wenn sie auch nur die Hälfte erhalten, stehen sie sich noch gut dabei. Für je 50 Dollar in Geld und je 60 Dollar in Waren muß Elfenbein im Werte von 100 Dollar zurückerstattet werden. Dabei bestehen die Vorschüsse nur zum geringsten Teil in Geld. Meist werden nur zu hohen Preisen berechnete Waren gegeben, die die Händler erst mit Verlust teilweise zu Geld machen müssen, um Mittel zum eigenen Unterhalte und zur Anwerbung von Trägern zu erlangen: denn auf Sansibar sowohl wie auch an der ganzen von Mohamedanern bewohnten Küste besteht kein Tauschhandel mehr, sondern alle Produkte und Arbeit wird mit Geld (Maria-Theresia-Thaler oder indische Rupie) bezahlt.

Ein großer Teil — fast die Hälfte — der einem solchen Elfenbeinhändler vorgeschossenen Waren wird sofort zu Geld gemacht; hiermit werden Schulden bezahlt, der Unterhalt bis zum Aufbruch der Karawane bestritten, eine andere resp. zweite oder dritte Frau genommen, viele verschwenderische Ausgaben gemacht und große Abschiedsfeste gefeiert. Außerdem muß ja auch während der Dauer der Reise (3—10 Monate) für die zurückbleibende Familie gesorgt werden. Mit der anderen Hälfte der Waren wird dann endlich losgezogen, in allen Gebieten, wo gut rasten und gute

Nahrung zu bekommen ist, Station gemacht, denn man lebt ja auf anderer Leute Kosten, so daß vielleicht nur der vierte Teil der Waren zum Tauschhandel Verwendung findet. Aber man kann im günstigen Falle trotzdem noch soviel Elfenbein damit einkaufen, daß man seine Gläubiger bezahlen könnte und selbst noch etwas übrig behielte. Der Gläubiger wird aber meist betrogen; man lebt von dem rechtmäßig oder durch Betrug Erworbenen so lange herrlich und in Freuden, bis die Not treibt, wieder auf den Handel zu gehen. Da findet man Leute, die 30,000 Mark und mehr Schulden haben, an deren Abtragung natürlich nie gedacht werden kann. Ein großer Teil der Küstenbewohner ist durch diesen Handel moralisch vollständig heruntergekommen.

Mehr Garantie bieten die von angeseheneren, zuverlässigeren und zum Teil selbst bemittelten Arabern geführten Karawanen, welche nach Ujiji ziehen. Aber auch selbst diesen werden von europäischen Kaufleuten niemals Vorschüsse geleistet, weil die Geschäfte zu riskant sind. Das ist ausschließlich die Sache reicher indischer Häuser.

Der dritte Übelstand, der sich im Gefolge des Elfenbeinhandels wenigstens im Osten (vielleicht auch im egyptischen Sudan) zeigt, beruht darauf, daß die Gräuel, welche früher vielfach der Sklavenhandel mit sich brachte, jetzt zum Teil in dem Elfenbeinhandel fortgesetzt werden. Einmal wird die Sklaverei selbst noch durch letzteren unterstützt. Denn wenn man auch die Sklaven nicht mehr nach Sansibar verkaufen kann, so gebraucht man sie doch als Träger und auf den Stationen im Inneren; übrigens kommt fast keine Elfenbeinkarawane an, die nicht auch einige Sklaven an der Küste absetzte. Ferner unternehmen die arabischen Karawanen, besonders die in das Land der Manjema am oberen Kongo ziehenden, häufig wahre Raubzüge gegen die Eingeborenen, die gleichsam unterjocht werden und einen Tribut in Elfenbein zahlen müssen. Zu solchem Rauben und Morden bedarf man eines großen Sklavenheeres. — Aus allem dürfte wohl zur Genüge hervorgehen, daß der Elfenbeinhandel kein Segen für das Land ist. Was für Reichtümer und Schätze sollen nun aber außer dem Elfenbein noch im Inneren Afrikas verborgen liegen? Es scheint das noch ein Geheimnis weniger Eingeweihten zu sein. Im centralen Osten ist jedenfalls nichts vorhanden, um dessentwillen man Verkehrswege oder Eisenbahnen bauen könnte. Das weiß ich aus eigener Erfahrung. Und was das sogenannte Becken des Kongo betrifft und überhaupt den centralen Westen, so hat kein Reisender bisher positive Angaben über die Reichtümer machen können. Alle, die überhaupt von solchen berichtet, haben sich immer nur in allgemeinen Ausdrücken bewegt, von der Fruchtbarkeit des Bodens und von der Üppigkeit der Vegetation gesprochen, oder sie schließen, nachdem sie die wenigen wertvollen, zum Teil nicht einmal im Exporthandel erwähnenswerten Produkte aufgeführt haben, mit den Worten: „und andere mehr,“ oder: „und viele andere;“ worin diese aber bestehen, wird niemals gesagt. In letzter Zeit ist viel von dem Reichtum an Kupfer und Blei die Rede gewesen. Im eigentlichen Kongogebiete finden sich aber diese Mineralien nicht; sie beginnen erst weiter südlich in größerer Menge aufzutreten. In den portugiesischen Besitzungen Südwestafrikas finden sich Kupferminen; auch soll Steinsalz, Schwefel, Asphalt, Silber und Goldstaub vorhanden sein. Inwiefern die Minen im Lüderitzland von Wert sind, muß erst die genauere Untersuchung ergeben. Die in englischen Händen befindlichen Kupferbergwerke in Südafrika rentieren sich sehr gut.

Kultivationsfähigkeit afrikanischen Bodens.

Eine andere Frage ist die, wie es mit der Fruchtbarkeit afrikanischen Bodens bestellt ist. Es ist allgemein bekannt, daß die Tropenvegetation Afrikas sich nicht entfernt mit der Üppigkeit und dem Formenreichtum messen kann, wie sie Südamerika und Indien bieten. Mit dem sogenannten jungfräulichen Boden ist es nicht soweit her, was man unter anderem daraus ersehen kann, daß unser Gemüse in Ussagara sowohl wie am Stanley-Pool ebensogut des Düngers bedarf, wie bei uns. Wie verschieden die Urteile sein können, die über ein und dasselbe Gebiet gefällt werden, mag aus folgendem ersehen werden. Die Korrespondenten der Kölner Zeitung schrieben von Kamerun, einem Gebiete, das mit Recht immer für ein sehr fruchtbares gegolten hat: „Trotz des unfruchtbaren Bodens ist die Vegetation noch eine üppige,“ und an anderer Stelle: „Der Boden ist durch die jahrelange Ausnutzung ausgesogen.“

Wir müssen zunächst zwischen den Küstenregionen und dem Inneren des Landes unterscheiden. Im allgemeinen kann man annehmen, daß die Küstenländer vermöge der größeren Feuchtigkeit und der um die Mündungsgebiete der Flüsse abgelagerten starken Humusschicht fruchtbarer sind. Im Westen ist das der Fall bei den nördlich vom Kongo gelegenen Küstenländern, während die nach Süden sich erstreckenden zunächst eine sehr unfruchtbare und dürre Zone aufweisen; im Osten ist es umgekehrt, der südlich vom Aequator gelegene Küstenstrich ist der fruchtbarere, während die Somalküste fast vegetationslos ist. Im Westen scheinen dagegen die Hinterländer der portugiesischen Provinzen Benguela und Angola, wo deutsche Forscher besondere Thätigkeit entwickelt haben, von großer Fruchtbarkeit zu sein, wenigstens insofern, als sie eine viel kürzere regenlose Zeit als die nördlicher gelegenen Gebiete besitzen. Ueberhaupt ist der Westen viel wasser- und waldreicher als der Osten.

Die fruchtbare Küstenregion des Sansibargebietes ist nicht sehr breit, sie schwankt zwischen 15 und 40 deutsche Meilen. Der fruchtbarste Landstrich ist der zwischen 2. und 3° s. Br. gegenüber der kleinen Insel Lamu gelegene, welcher das Mündungsgebiet des Osi- und Tana-Flusses einschließt.* Die Eingeborenen, die dem gutmütigen, aber von den Gala abhängigen Stamme der Wapokomo angehören, bauen vorzugsweise Reis und haben das Land zu Seiten des Flusses durch Kanäle gut bewässert. Auch Taback wird an den Flußufern viel gezogen. Wenn irgend wo, so ließe sich hier ein gutes Kanalsystem herstellen. Die Mündung des Lufidschi bietet ähnliche Verhältnisse dar, weniger der Kingani- und Wami-Fluß, wogegen der Pangani am wenigsten Aussichten bietet. Drei Bergländer erscheinen besonders günstig zu etwaigen Plantagenunternehmungen: Assagara, das bereits in deutschen Besitz übergegangen ist, Ussambá, das nördlich vom Pangani-Flusse liegt, und das bei Mombassa gelegene Wanikaland, wo sich mehrere englische Missionsstationen befinden. In dem von den Wassambá, einem friedlichen den Wassegua verwandten, Ackerbau und Viehzucht treibenden Volke bewohnten Landstriche sind es besonders die zwischen den Bergzügen verlaufenden Thäler, welche zu Pflanzungen sich eignen; in diesen

* Ausführliches über dieses Gebiet veröffentlichte ich in den Mitteilungen der Geogr. Gesellschaft in Hamburg 1878—79.

haben sich einzelne Wassegua-Kolonien niedergelassen, während die Besitzer des Landes, die Wassambá, nur die Abhänge der Berge bebauen und auch bewohnen. Zwischen diesem Küstengebiete und dem Schneeberge Kilima-Ndjaro (d. h. Geisterberg) erstreckt sich ein ca. 20 deutsche Meilen breiter trockner vorzugsweise mit Akazien und Mimosen bewachsener Landstrich, der für die Kultivation nicht geeignet ist. Dagegen haben die südlich vom Fuße obengenannten Schneeberges gelegenen Distrikte und die südlichen Abhänge desselben vielleicht eine große Zukunft, ebenso wie bei dem benachbarten Märuberge. Von dem anderen, Kenia genannten Schneeberge gilt dasselbe. Das zwischen beiden sich hinziehende Land Ukamba kann zum großen Teil auch fruchtbar genannt werden. Die Sawannenländer des Westens und die teilweise salzigen Steppengebiete des Ostens, die sich besonders zwischen den Schneebergen und dem Viktoria-See und südlich bis nach Ugogo hinerstrecken, sind für Anpflanzungen nicht brauchbar. Hier ist nur Viehzucht möglich, die übrigens in einem großen Teile des Ostens betrieben werden kann. Wir finden sie besonders im Somali-, Gala- und Massailande. Die Tsetse-Fliege ist in den Gebieten, wo sie vorkommt, auf gewisse Lokalitäten beschränkt. In der neuen deutschen Kolonie findet sie sich auch. Häufig ist sie bei Taweta, seltener bei Maurui am Panganifluß, wo übrigens viel Vieh gezogen wird. Im Inneren des Massailandes kommt sie in dem Landstriche von Ngurumán vor; jedoch scheint sie hauptsächlich während der Regenzeit lästig zu werden. In manchen Gebieten hält sich, abgesehen von der Tsetsefliege, das Rindvieh schlecht, so auf der Insel Sansibar, in der Landschaft Wito, bei Taweta am See Jipe und in manchen Distrikten von Ussagara. Pferde ertrugen früher, als es noch mehr regnete, das Sansibarklima schlecht, jetzt halten sie bei sorgsamer Pflege in der Stadt gewöhnlich gut aus. In den trockneren Gebieten des Somalilandes gedeiht das Pferd sehr gut.

Wir haben die oben genannten Gebiete z. T. fruchtbar genannt. Ob aber das Land in Wirklichkeit zur Anlage von Plantagen, zur Kultivierung wertvoller Handelsproducte geeignet ist, das ist eine Frage, die sich nur nach gründlicher Berücksichtigung aller Factoren beantworten läßt, die das Gelingen des Landbaues in den Tropengegenden beeinflussen. Auch ist noch lange nicht gesagt, daß überall da, wo sich Bäche und Flüsse befinden, der Boden zum Anbau geeignet sei. Für das unmittelbare Kongo=Gebiet wissen wir z. B. durch Pechuel-Lösche, daß das nicht der Fall ist. Wenn man freilich auf einem Boote den Fluß aufwärts fährt, die üppige Uferwaldung vorfindet, von der die Lianen gleich Schlangen bis auf das Wasser herabreichen, wo Palmen und mannigfache andere Gewächsformen das Auge entzücken, wo man stellenweise fruchtbare Bananenanpflanzungen der Eingeborenen gewahrt, so kann man sich leicht dem Glauben hingeben, daß das Land, durch welches der Fluß fließt, ein außerordentlich fruchtbares und zu allen möglichen Kulturen geeignetes sei. Es will gar nichts heißen, daß der Neger imstande ist, Maniok und Straucherbsen, an manchen Stellen Bananen und Zuckerrohr, und in der Regenzeit Durrha und Mais zu ziehen, die Kulturgewächse, welche im Handel eine Rolle spielen, bedürfen eines anderen Bodens, einer anderen Feuchtigkeit, Regenverteilung und Pflege als jene Gewächse der Eingeborenen. Fährt der Reisende in den Hafen von Sansibar ein und sieht die mit zahlreichen Kokosnuß- und prächtigen Mangobäumen dicht bewachsene Insel vor sich, so glaubt er, ein fruchtbareres Eiland könne nicht existieren. Wenn er sich aber erst genauer umgesehen hat, wenn er erst erkennt, daß die Kokosnüsse im Dünensande gedeihen, wenn sie nur Salzwasser haben, daß der Maniok im unfruchtbaren Sandboden wuchert wie Unkraut und die Banane ein sehr anspruchsloses Gewächs ist, daß ferner auf der Insel außer den Gewürznelken und rotem Pfeffer kein Product gewonnen wird, was in dem Handel eine Rolle spielt, so wird er anderer Meinung werden. Und das liegt nicht etwa an der Indolenz der Mohamedaner. Zur Zeit, als man die Nelkenplantagen anlegte, hatte man Sklaven genug, um auch andere wertvolle Producte zu ziehen. Wie die noch auf der Insel zerstreut sich vorfindenden Zimt-, Kaffee- und Muskatnußpflanzen beweisen, hat man solches auch versucht, aber der Boden hat sich nicht als geeignet erwiesen. Ein Europäer, der zu meiner Zeit in einem gut gelegenen Teile der Insel eine Tabakpflanzung anlegte, wozu er sich den besten Samen aus der Hawanna hatte kommen lassen, konnte mit dieser Kulturpflanze keine Erfolge erzielen. Der englische Generalkonsul Kirk, der selbst viele auswärtige Pflanzen auf seiner Besitzung zieht, hält den Boden der Insel nicht für sehr gut. Der südliche Teil derselben ist überhaupt nicht zum Landbau geeignet, weil die Korallenfelsen allenthalben zu Tage treten.

Die Unregelmäßigkeit in der Regenmenge wird für sehr viele, sonst mit fruchtbar zu bezeichnende Gebiete ein großes Hinderniß für den Anbau wertvoller Gewächse bieten. Schon jetzt klagen die Araber auf der Insel Sansibar über zu wenig Regen. Die Regenmenge hat nämlich in den letzten zwanzig Jahren nicht unwesentlich abgenommen. Und dabei gilt Sansibar doch noch immer für eine Insel, auf der es nicht an den nötigen Niederschlägen mangelt. Trotzdem klagen jetzt die Plantagenbesitzer, daß ihre Nelkenbäume nicht mehr so gut gedeihen, weil sie nicht Wasser genug haben. Wie soll das erst in den Distrikten im Inneren gehen, wo es Monate hindurch nicht regnet, während auf Sansibar doch selten ein Monat vergeht, der nicht einen stärkeren Regen brächte?

Trotz aller Experimente, die in Afrika gemacht worden sind, trotz allen Geldes, das Afrika gekostet hat, wissen wir nicht einmal, ob in den Küstengebieten des äquatorialen Westens oder Ostens Kaffee, Baumwolle oder Tabak gezogen werden kann. Daß man diese Pflanzen in Afrika teilweise bei den Eingeborenen findet, daß die französischen Missionare bei Bagamojo ein sorgsam gepflegtes Gärtchen mit Kaffee oder Kakao besitzen, will nichts bedeuten, es kommt darauf an, daß ein Product geliefert werden kann, das im Welthandel konkurrenzfähig ist und daß der Plantagenbau im Großen sich rentiert. Die Baumwolle, welche auf Sansibar und an der Westküste in den portugiesischen Besitzungen wächst, kann, sowohl was die Quantität als besonders was die Qualität anbetrifft, im Handel keine Rolle spielen. Um sie mit Vorteil zu kultivieren, bedarf man eines guten Kanalsystems. Als ich auf Mombassa weilte, bepflanzten die dortigen englischen Missionare auf Veranlassung von Hildebrandt ein geeignetes Terrain mit Baumwolle, jedoch habe ich über die schließlichen Resultate nichts erfahren können. Von der Indolenz der dortigen englischen Missionare, die im Gelde schwimmen, ist auch nicht viel zu erwarten. Der Tabak, der einstweilen von sehr vielen Negerstämmen angepflanzt wird, kann eher als Rattengift Verwendung finden, denn als Genußmittel. Der Kaffee hat, was sein Gedeihen auf afrikanischem Boden betrifft, jedenfalls die größte Zukunft; ist doch Afrika sein Heimatland und findet er sich bei Gabun und in den südwestafrikanischen Besitzungen Portugals wild vor. Auch im Inneren haben ihn manche Reisende wild wachsend gefunden, ich selbst in der Umgebung des Naiwascha-See's, in einer Höhe von 5—6000 Fuß. In den südlich von Abessinien gelegenen Gebieten wird er von den Eingeborenen kultiviert und wenn auch in geringer Menge, so doch in ausgezeichneter Beschaffenheit nach Aden auf den Markt gebracht.

Aber selbst mit dem Kaffee hat es noch seine Bedenken, denn die von Woermann am Gabun angelegten Kaffeepflanzungen rentieren sich nicht. Ob die Anlage nicht zweckmäßig hergestellt war, ob die Arbeitslöhne sich zu hoch stellten oder ob das Klima resp. die Regenverhältnisse nicht paßten, mag dahin gestellt bleiben, jedenfalls erkennt man, daß selbst in einem Gebiete wie Gabun und selbst Leuten, die Erfahrung genug gesammelt hatten, in der Hinsicht etwas Rentabeles zu schaffen nicht leicht fällt. Am Kongo, höre ich, will man gar keinen Kaffee bauen, „weil er sich nur bei Sklavenarbeit lohne". Selbst der Kaffee ist schon in gewisser Beziehung zu geringwertig; denn wenn die Transportmittel nicht sehr billige sind, so dürften sich Kaffeepflanzungen im Inneren der Landes selbst bei Sklavenarbeit wohl kaum rentieren. Möglich, daß auch Kakao sich in einigen Küstenniederungen wird mit Erfolg kultivieren lassen. Bei Quelimane (Sambesi) hatte eine portugiesische Gesellschaft Versuche mit der Anpflanzung von Opium angestellt, über deren Resultate nie etwas in die Oeffentlichkeit gedrungen ist. Ein wertvolles Kulturgewächs, welches in Ostafrika, wo die Bodenerhebung an manchen Stellen eine beträchtliche ist, z. B. an den Schneebergen, gezogen werden könnte, wäre vielleicht der erst in einer Höhe von 1200 Meter gedeihende Chinarindenbaum, der auch in Indien mit Erfolg kultiviert wird. Es sind ja auch noch weite Küstengebiete im Osten wie Westen vorhanden, wo Millionen von Kokosnußbäumen gepflanzt werden könnten und im Westen gewiß auch noch viele Distrikte, wo ebensoviel Oelpalmen Raum hätten; denn die Oelpalme soll ja auch noch am Stanley-Pool gedeihen. Aber wer pflanzt sie an? Der Neger zerstört nur und beutet aus; er erhält nicht einmal das, was vorhanden ist, geschweige denn, daß er vermehrt und vervollkommnet, selbst wenn es noch so geringe Mühe verursachte.

An die Betreibung europäischer Kulturen im Großen kann in den Tropen Afrikas nicht gedacht werden. Die Jesuiten bei Bagamojo und auf ihrer Station im Lande Ungu haben zwar ihren Gemüsegarten und auch ich habe auf Sansibar einen solchen jahrelang gehabt, aber alle europäischen Nährpflanzen bedürfen in diesem Klima einer solchen Pflege und Mühe, daß sie nur in sehr beschränktem Maße gezogen werden können. Sie müssen unter gewissen Bäumen stehen, um nicht zu viel und zu wenig Schatten zu erhalten, müssen fleißig begossen werden, bedürfen, wie schon bemerkt, auch dort des Düngers und können zudem in der heißen Jahreszeit überhaupt nicht am Leben erhalten werden. Von europäischen Getreidearten dürfte der Weizen die meisten Aussichten haben. Er wird von den Arabern an verschiedenen Stellen der Küste und des Inneren angebaut. In Afrika kann es sich aber immer nur um die Anpflanzung sehr wertvoller Produkte handeln, wenn eine Unternehmung sich rentieren soll. Hoffen wir, daß die Deutsch-Ostafrikanische Gesellschaft Klarheit darüber verschaffen wird, welche Handelsgewächse in Afrika oder vielmehr in diesem Teile Afrikas die meisten Aussichten haben. Sie würde sich damit größere Verdienste erwerben, als alle bisherigen Leistungen in der Kultivation Afrikas beanspruchen können.

Verwendung des Europäers im tropischen Afrika.

Wir kommen nunmehr zu der Frage, welche für die Kolonisation Afrikas von der größten Wichtigkeit ist und ohne deren praktische Lösung niemals etwas Großes in Afrika erreicht werden wird. Es ist das die Arbeiterfrage. Zunächst müssen wir uns darüber klar werden, ob überhaupt in Afrika europäische Arbeiter beschäftigt werden können. Dies ist speziell auch für die Beurteilung deutscher Erwerbungen in Afrika von hoher Bedeutung, insofern auf denselben unsere überschüssigen Arbeitskräfte verwendet werden sollen. Es ist zwar schon von mancher Seite darauf hingewiesen worden, daß man sich in der Beziehung keinen Hoffnungen hingeben soll, aber doch begegnet man nicht nur im größeren Publikum, sondern selbst bei Leuten, die die Tropengegenden Afrikas kennen gelernt haben, noch der Ansicht, daß manche Gebiete des äquatorialen Afrikas dem europäischen

Landmanne gestatten, seinem Erwerbe dort ebensogut nachzugehen, wie in der Heimat. Es kann nicht oft genug darauf hingewiesen werden, daß daran nicht im entferntesten gedacht werden kann, und es ist unbegreiflich, wie Zeitschriften und Vereinsblätter oft, anstatt solche schädlichen Illusionen zu zerstören, vielmehr alle möglichen Argumente herbeiziehen, um zu beweisen, daß das Klima im Inneren sehr gut sei und eine Acclimatisation des Europäers gestatte. Da werden Briefe von Leuten veröffentlicht, welche sich so und so lange sogar in den Küstendistrikten aufgehalten haben, ohne von Fieber ergriffen worden zu sein, die sich sogar in Afrika wohler gefühlt haben, wie in Europa. Beides ist möglich, beweist aber nichts. Was die letztere Angabe betrifft, so ist das nicht zu verwundern, denn der Betreffende wird in Afrika eine naturgemäßere und einfachere Lebensweise geführt haben, wie in Europa. Von einer Acclimatisierung des Europäers in den Tropengegenden Afrikas kann insofern gar keine Rede sein, als er, je länger er sich dort befindet, um so weniger widerstandsfähig gegen die schädlichen Einflüsse des Klimas wird. Es stellen sich Erscheinungen ein, die sich im allgemeinen als Blutarmut bezeichnen lassen und die den Europäer nötigen, das gemäßigtere Klima für einige Zeit wieder aufzusuchen. Aber selbst, wenn es einigen Bevorzugten gelänge, ihr ganzes Leben in jenen Gebieten ohne Schaden für ihren Körper zuzubringen, so würden ihre Kinder doch nach Europa zurückkehren und ihre Jugendzeit dort zubringen müssen, falls sie nicht degenerieren sollen. Wenn von Acclimatisierung und Auswanderung die Rede ist, so ist es vor allem auch notwendig, daß die Nachkommen, die unter veränderten Bedingungen und Einflüssen geboren werden und aufwachsen, nicht an leiblichen und geistigen Eigenschaften hinter ihren Eltern zurückstehen. In der Beziehung hat man aber die Erfahrung gemacht, daß die folgenden Generationen degenerieren, wenn sie nicht europäisches Klima aufsuchen. Sehen wir doch selbst an den Portugiesen, welche noch am besten dem Tropenklima sich anzupassen vermögen, daß sie bei dauerndem Aufenthalte in demselben nicht mehr lebenskräftige Nachkommen hervorbringen. Schon nach der dritten Generation ist kein reines Blut mehr vorhanden. Man muß die sogenannten Portugiesen der alten portugiesischen Niederlassung Goa in Ostindien gesehen haben, um beurteilen zu können, was aus den Europäern wird, die die Tropen zu ihrer Heimat gemacht haben. Daß die in einigen Teilen Algiers geborenen Europäer unbeschadet ihrer Gesundheit dort aufwachsen, beweist nichts; denn Algier liegt an der Grenze zwischen gemäßigtem und heißem Klima. Selbst in den subtropischen Gebieten Afrikas ist immer noch ein nachteiliger Einfluß des Klimas nachzuweisen; denn wenn auch die Boers sich körperlich kräftig und ihr Blut rein erhalten haben, so kann doch durchaus nicht behauptet werden, daß sie eine vorteilhafte Entwickelung in kultureller und intellektueller Beziehung durchgemacht hätten.

Daß die Küstengebiete in Folge gewisser Eigenschaften besonders schädliche Einflüsse auf den Europäer ausüben und gewisse Distrikte geradezu gemieden werden müssen, bedarf keiner weiteren Auseinandersetzung. Können doch selbst die Kaufleute hier nur kurze Zeit aushalten und müssen dem Klima einen nicht geringen Tribut an Toten zahlen; um wieviel weniger der unter viel ungünstigeren Bedingungen existierende Arbeiter und Landmann! Aber neuerdings wird auf die „kühlen" und „reichen" Hochländer des Inneren hingewiesen; diese sollen für den Landmann besonders günstig sein. Stanley hat sogar öffentlich erklärt, für die deutsche Auswanderung gesunde Ansiedlungsplätze anweisen zu können. Das würde eine sehr teure Auswanderung geben, an Kapital und Menschenleben, abgesehen davon, daß die Auswanderer gar nicht wüßten, was sie denn eigentlich dort ziehen sollten. Schreiber dieses hat sich 7 Jahre ununterbrochen im äquatorialen Ostafrika aufgehalten; davon 3½ Jahre als Arzt auf Sansibar; er hat nicht nur die Küstenregion, sondern auch das Innere des Landes und die soviel gerühmten Hochländer kennen gelernt und zwar bis zu 1900 Meter (6000 Fuß), einer Höhe, wie sie die westafrikanischen Hochebenen nirgends zeigen. Er hat selbst das Klima verhältnißmäßig gut und lange ertragen, aber dennoch muß er sich nach allen Beobachtungen über die klimatischen Verhältnisse und nach allen Erfahrungen, die er an sich und Anderen gemacht hat, entschieden gegen die Möglichkeit einer erfolgreichen Kultivation Central-Afrikas durch deutsche Arbeiter aussprechen. Es ist ja keine Frage, daß gegenüber den schwülen und stellenweise fieberschwangeren Küstengebieten die Hochebenen den von der Küste in das Innere ziehenden Europäer neu beleben und anlegen und daß sowohl in der Temperatur wie in der Ausbreitung der miasmatischen Einwirkungen ein Unterschied zu Gunsten der centralen Gebiete besteht. Es ist aber ein Irrtum anzunehmen, daß die besseren klimatischen Verhältnisse im Inneren überall von der Höhenlage abhängig sind und durch dieselbe bedingt werden; jedenfalls ist das nur in beschränktem Maße und erst von einer gewissen sehr bedeutenden Höhe an der Fall. In einem Lande, wo die Schneegrenze erst bei 5000 Meter (16,000 Fuß) beginnt und wo es keinen Winter in unserem Sinne giebt, will eine Erhebung von 500 bis selbst 1000 Meter (1500—3000 Fuß) noch nicht viel bedeuten.

Was zunächst die Temperaturverhältnisse des Hochplateaus des Inneren anbetrifft, so konnte ich auf meiner letzten Reise in das Massailand konstatieren, daß die Region, wo eine wesentliche Veränderung der Temperatur, der Vegetation und der Regenverhältnisse auftritt, erst bei 1400 Meter (4500 Fuß) über dem Meeresspiegel beginnt. Aber selbst bei einer Höhe von 1900 Meter (6000 Fuß) fiel das Thermometer am Naiwascha-See, der ca. 1° s. Br. liegt, in der kühlen Jahreszeit nachts nicht unter 9° C. (ca. 7° R.), meist zeigte es eine nächtliche Temperatur von 13—14° C. (10½—11° R.); am Tage betrug im Mai und Juni bei regnerischem Wetter das Maximum 23° C. (18½° R.). In all den Gebieten Centralafrikas, die bisher in Betracht kommen, ist von einer solchen Höhe nicht die Rede. Hier liegen Plateauhöhen von 1000 Meter (3200 Fuß) schon über der Durchschnittshöhe des inneren Hochlandes, zumal wenn man den in dieser Beziehung weniger bevorzugten Westen betrachtet. Die 200 geographische Meilen von der Küste entfernten Stanley-Fälle liegen nur 470 Meter (1500 Fuß) über dem Meere, während man von einem beliebigen Punkte der Sansibarküste aus nur 50 Meilen landeinwärts zu ziehen braucht, um diese Plateauhöhe zu erreichen. Es ist nicht so sehr die Höhenlage, welche die mittlere Temperatur des innerafrikanischen Hochlandes herabsetzt, als vielmehr die starke nächtliche Ausstrahlung eines so kolossalen Landgebietes. Sobald man das Küstenland, welches seines Seeklimas wegen nur eine geringe Differenz zwischen Tages- und Nachtstemperatur aufweist, hinter sich hat, sinkt im Osten das Thermometer nachts auf 20, zuweilen selbst 15° C. (16—12° R), ohne daß man in einer nennenswerten Höhe sich zu befinden braucht. Die mittlere Tagestemperatur des Inneren ist im allgemeinen nur unbedeutend niedriger wie an der Küste; jedenfalls zeigt das Thermometer am Tage auch auf den Hochplateaus eine beträchtliche Höhe.

Zu Rubaga am Viktoria-See, im Lande Uganda, das circa 1000 Meter (ca. 3200 Fuß) über dem Meere liegt, erreicht die größte Wärme am Tage fast in allen Monaten eine Höhe von 30° C. (24° R.), in Sansibar 32° C. (25½° R.); in ersterem Orte geht aber die Temperatur nachts auf 15, selbst 13° C. (12 oder 10½° R.) herunter, während sie in letzterem nur an den kühlsten Regentagen nachts auf 22° C. (17½° R.) sinkt. Uebrigens darf man hinsichtlich der Temperaturverhältnisse des inneren Hochlandes nicht zu sehr generalisieren. Die verschiedenen Gebiete weisen oft nicht unbeträchtliche Unterschiede auf, die durch die Bodenformation, Flüsse, Gebirge und andere Factoren bedingt werden. Frei gelegene Orte, wie das obenerwähnte Rubaga müssen eine stärkere nächtliche Ausstrahlung erleiden, wie solche, welche in engen Tälern oder zwischen den Uferwaldungen eines Flusses sich befinden. Am Kongo sind die nächtlichen Temperaturen daher nicht so niedrige; die mittlere Temperatur beträgt, soweit sich darüber jetzt urtheilen läßt, ca. 24 bis 25° C. (19—20° R.), während sie in Rubaga 21,4° C. (17° R.), in Sansibar 27° C. (22½° R.) beträgt. Manche hochgelegene Landstriche im Inneren besitzen eine höhere Tagestemperatur als die Küstenländer, z. B. die Gebiete von Ngaruka und Ngurumán im Massailande, die ca. 600 Meter (ca. 2000 Fuß) hoch gelegen sind. Auch die nächtliche Abkühlung ist in diesen nicht so bedeutend. Was das jüngst erworbene deutsche Gebiet in Ostafrika anbetrifft, welches zum Teil eine mittlere Höhe von 500 Meter (1600 Fuß) besitzt, so geht aus dem Vorhergesagten hervor, daß man auch hier von dem sogenannten „kühleren Klima" in praktischer Beziehung nichts zu erwarten hat. Jedenfalls kann aber hier von einem subtropischen Klima nicht die Rede sein.

Es ist zunächst schon ein gewaltiger Unterschied, ob der deutsche Arbeiter in einem Klima thätig ist, das, wie das unsrige, eine mittlere Temperatur von 11½° C. (9° R.) besitzt, oder eine solche von 23⅓° C. (18⅔° R.), wie sie Stanley für den oberen Kongo angiebt. Wenn auch der tierische Organismus weniger von den

Temperaturverhältnissen eines Landes beeinflußt wird, wie der pflanzliche, so übt doch das Plus von Wärme in den Tropen keinen geringen Einfluß auf den Menschen aus. Viele der an unser Klima gewöhnten Tiere vertragen das heiße Klima nur schlecht. Der Jagdhund z. B. verliert in dem tropischen Afrika seine Beweglichkeit und seinen Eifer; er wird stumpfsinnig und geht in vielen Fällen an Fieber zu Grunde. Wenn Stanley angiebt, daß die Temperatur am oberen Kongo morgens früh oft bis auf 18° C. (14½° R.) gefallen sei, so wäre das für das innere Hochland durchaus nicht niedrig. Wenn man bedenkt, wie rasch die Sonne in den Tropen nach ihrem Aufgange steigt und wie rasch die Wärme zunimmt, so muß die Tagestemperatur in dem Falle für den Arbeiter jedenfalls schon eine drückende werden. Für diesen kommt es aber vor allen Dingen nicht auf die mittlere, sondern auf die Tagestemperatur an, denn er arbeitet am Tage und nicht bei Nacht. Die kühlen Nächte ermöglichen dem Europäer einen guten Schlaf und lassen die starke Schweißabsonderung aufhören; insofern sind die Gebiete des Inneren dem Europäer zuträglicher als die der erschlaffenden Küstenregion. Der Arbeiter kann aber nicht vermeiden, in der Sonne zu arbeiten, die in den Tropen auch in den Stunden bis 10 Uhr morgens und von 3 Uhr Nachmittags wirksam genug ist. Für eine kurze Zeit wird das der deutsche Landmann vielleicht aushalten; er wird aber bald einsehen lernen, daß seine Gesundheit darunter leidet. An die Herzthätigkeit ist in dem heißen Klima eine viel größere Anforderung gestellt als in dem gemäßigten, das können wir ja im Sommer an uns selbst erfahren. Der Europäer, der in den Tropen mit angestrengter Muskelthätigkeit arbeitet, wird bald kurzatmig, seine Schlagadern pulsieren heftig, das Gesicht färbt sich oft blaurot. Es ist nicht selten bei den englischen Matrosen, die längere Zeit in den Tropen stationiert sind, daß sie an Herzhypertrophien (Herzvergrößerungen) erkranken.

Untersuchen wir nun, inwiefern die centralen Hochebenen weniger Veranlassung zu miasmatischen Krankheiten geben, als die Küstengebiete, so werden wir auch hier zu dem Resultate gelangen, daß ein Gebiet in Folge seiner Höhenlage durchaus keine Sicherheit dafür bietet, frei von Miasmen zu sein. Der Factor, welcher hauptsächlich die sanitären Verhältnisse für den Europäer in einem großen Teile Innerafrika's günstiger gestaltet, ist die größere Trockenheit vieler Hochplateaus. Wo diese nicht vorhanden ist, wie im Verlaufe der meisten Flüsse, in manchen sumpfigen Niederungen, da finden wir selbst auch in beträchtlicher Höhe ein dem Europäer sehr nachteiliges Klima. So sind die Gebiete des Stanley-Pool, der größte Teil des Kongo-Laufes, besonders aber die in seinem oberen Teile gelegenen Distrikte des Bangweolo, Möro und Lualaba in sanitärer Beziehung als durchaus ungünstig zu bezeichnen. In Ostafrika ist dies z. B. der Fall mit dem am Fuße des Schneeberges Kilima-Ndjaro gelegenen Gebiete von Taweta am See Jipe, der Landschaft Teita, der Umgebung des Makatasumpfes in Ussagara. Wurde ich doch selbst am Naiwascha-See in einer Höhe von 1900 Meter (6000 Fuß) von einem Gallenfieber befallen, das an Bösartigkeit nicht hinter den Fiebern der verrufensten Küstengebiete zurückstand. Auch viele der Träger erkrankten hier, während alle in den vorher durchzogenen trockneren Steppen gänzlich fieberfrei geblieben waren. Daß Ostafrika im Allgemeinen als gesunder wie Westafrika bezeichnet werden kann, liegt hauptsächlich an der geringeren Feuchtigkeit und Wassermenge. Seitdem es auf Sansibar weniger regnet, haben sich die Gesundheitsverhältnisse gebessert. Wenn die Existenzbedingungen für die Entwickelung der sogenannten Miasmen gegeben sind, vor allem, wenn die nötige Feuchtigkeit vorhanden ist, dann stellen sich auch im Inneren in mehr oder weniger intensiver Weise alle die schädlichen Einwirkungen ein, welche dem Europäer in manchen Küstengebieten einen dauernden Aufenthalt unmöglich machen.

Für das gesammte tropische und zum Teil auch subtropische Afrika hat folgender Satz Gültigkeit: Die gesunden Gebiete sind die unfruchtbaren und die fruchtbaren sind die ungesunden. In der Sahara und in Lüderitzland giebt es kein Fieber, dort wächst aber auch kein Grashalm; in vielen fruchtbaren Küstenniederungen des Westens und Ostens kann gewiß manches wertvolle Product cultiviert werden, aber hier vermag der Europäer nur kurze Zeit und nur unter Gefahr für sein Leben zu existieren. Die östliche Küste des Somalilandes ist fieberfrei aber zeigt nur Sand und nackte Felsen, viele Gebiete im inneren Osten, besonders in dem von mir bereisten Massailand sind als sehr gesund zu bezeichnen, aber sie sind öde und dürr; sie lassen nur während der kurzen Regenperiode ein bald wieder vertrocknetes Gras aufschießen und gestatten nur Nomadenvölkern eine mühselige Existenz. Es giebt viele fruchtbare hochgelegene Triften in den Bergländern des Sansibargebiets, aber sie müssen für den Europäer als nicht zuträglich bezeichnet werden. Auch in dem im allgemeinen gesunden Damaralande haben wir dieselbe Erscheinung. Missionar Büttner erzählt (Ausland 1883, S. 886), daß in den feuchten Niederungen oft ganze Familien in Folge bösartigen Fiebers aussterben.

Trockenheit, welche die erste Bedingung für die Beseitigung von Miasmen ist, vernichtet zugleich die Vegetation; Feuchtigkeit, welche für die Vegetation erforderlich ist, befördert auch die Miasmen. Wir könnten durch geeignete Abflüsse und Kanäle die ganze Insel Sansibar zu einem sehr gesunden Aufenthalte machen; aber damit würden wir die Reiskultur vernichten, die einen großen Teil der Bewohner ernährt. Nun bedenke man, daß der Landmann gerade die feuchten, fruchtbaren Distrikte aufsuchen, daß er vielfach in heißen, ungesunden Tälern sich ansiedeln muß, weil in Centralafrika nur hier die Bedingungen für das Gedeihen der Bodenproducte gegeben sind; denn auf den trocknen Plateaus und dem Sawannenlande kann er nichts erwarten. Ferner berücksichtige man, daß gerade in der Regenzeit, wo der Reisende und überhaupt der in den Tropen lebende Europäer sich am meisten schont und sich einen möglichst trockenen Aufenthalt sucht, der Landmann das Feld bestellen soll, in einer Zeit, wo er den schädlichen Einwirkungen der Miasmen am meisten ausgesetzt ist, die sich in der Regenzeit fast überall und gerade da, wo der Landmann zu thun hat, am intensivsten entwickeln. Bekanntlich ist aber das Aufackern eines mit vegetabilischen Zersetzungsproducten versehenen feuchten Bodens von besonders schädlichem Einfluß. Sind doch selbst die Chinesen, welche die Franzosen in Senegambien eingeführt haben, alle dem Klima erlegen. Die Herren, welche sich vorübergehend und ohne Landarbeiten zu verrichten im Inneren aufhielten, haben gut reden. Uebrigens ist Pogge, welcher behauptet, der deutsche Bauer könne im Lande Muata Jamwo's ebenso gut sein Land bestellen wie in seiner Heimat, selbst nach verhältnißmäßig kurzer Zeit dem Klima erlegen. Schütt spricht sich schon etwas vorsichtiger aus. „Bei allen Schattenseiten," sagt er, „ist das Klima des innerafrikanischen Plateaus nicht so bös wie es gemacht wird." Worin die Schattenseiten bestehen, wird nicht gesagt, sondern nur angegeben, daß die Sonne nicht sehr belästige.

Es bedeutet garnichts, daß der eine oder der andere Reisende im Inneren Afrikas ohne Fieber geblieben ist — das kommt auch auf Sansibar vor, — ebensowenig wie es etwas sagen will, daß jetzt unter den am Kongo stationierten Europäern verhältnißmäßig wenige den klimatischen Einflüssen unmittelbar erliegen. Es kommt vor allem auf die Häufigkeit der Erkrankungen an, und in der Beziehung ist der Procentsatz trotz der günstigen Verhältnisse, unter denen die dortigen Europäer zubringen, ein großer. Die im Dienste der internationalen Gesellschaft stehenden Herren leben auf mehr oder minder gut eingerichteten Stationen, welche an möglichst gesunden Plätzen sich befinden, können sich schonen, wenn es nötig ist und bestellen selbst das Feld nicht. Sie werden ferner von Europa aus in der ausgezeichnetsten Weise verproviantiert und entbehren nichts von dem, woran ein Europäer gewöhnt ist. Alles dies ist aber bei dem Arbeiter nicht entfernt zu ermöglichen. Er selbst hat die Mittel nicht dazu, und bis er sie sich verdient haben wird, ist er schwach und krank geworden. Oder glaubt man etwa, eine Aktiengesellschaft, die dort in den, wie es heißt, „gesunden und fruchtbaren" Gebieten Plantagenwirtschaft triebe, könne sich solch kostspielige Arbeitskräfte gestatten? Mit welchen Producten soll sich das rentieren?

Nun beachte man außerdem, wie lange sich die Mitglieder der Kongogesellschaft im Kongogebiete aufhalten. Die Kontrakte lauten auf drei Jahre; dann werden die Herren wieder frei nach Europa zurückbefördert, um, wie das die Engländer in Indien auch thun, in dem kälteren Klima wieder neue Kräfte zu sammeln und, wie man vielfach sagt, das Blut wieder aufzufrischen; zugleich auch, um sich allen civilisatorischen Genüssen, die man 3 Jahre hat entbehren müssen, wieder für einige Zeit hinzugeben. Und der deutsche Arbeiter? Selbst angenommen, er könne 5 Jahre, ohne seiner Gesundheit zu schaden, in jenen Gebieten zubringen, wer ermöglicht ihm dann auf 1 oder $1/2$ Jahr eine Rückkehr nach Europa, um in den nächsten 5 Jahren wieder in dem „gesunden Klima" arbeiten zu können? Eine Rückkehr nach Europa würde unter allen

Umständen notwendig sein. Wenn aber, wie von Stanley geschehen, von einer deutschen Auswanderung dorthin gesprochen wird, so müßten doch auch die Frauen mit auswandern. Wer giebt die Mittel, die Kinder ihre Jugendzeit in Europa verleben zu lassen, damit sie einigermaßen kräftig sich entwickeln und in geistiger Hinsicht nicht verkommen? Sehen wir doch an vielen unserer einheimischen Pflanzen, daß sie niemals in den warmen Gebieten sich acclimatisieren, daß sie trotz der sorgfältigsten Pflege kränkeln und ausarten und daß man bereits nach der zweiten Generation gezwungen ist, neuen Samen aus Europa zu beziehen. Aehnlich ist es mit dem Europäer, der in den Tropen geboren wird und aufwächst. Er artet aus und verliert mit der Zeit gerade die Eigenschaften, welche ihn vor allen übrigen Rassen auszuzeichnen pflegen: Thatkraft und Streben. Weder in Indien noch in den Tropenprovinzen Ausstraliens finden wir europäische Arbeiter.

Es darf ferner ein anderer Umstand nicht unerwähnt bleiben, welcher für die Beurteilung der Auswanderung nach Innerafrika von gewisser Wichtigkeit ist und besonders bei Arbeiterkolonien von den schwerwiegendsten Folgen sein wird. Wir wollen einmal annehmen, alle Bedingungen seien gegeben, dem Arbeiter eine sechsstündige Arbeitszeit zu ermöglichen. Eine solche würde vielleicht zur Erreichung seiner Zwecke genügend sein, wenn auch nicht, wie Pogge meint, eine Arbeitsstunde in landwirtschaftlicher Beziehung zehnmal mehr Resultate bringt wie in Norddeutschland. Die Kulturpflanzen erfordern eine andere Mühe und Pflege als wie die Gewächse der Neger, und es unterliegt keinem Zweifel, daß in Innerafrika manche ungeahnte Schwierigkeit und viele Feinde der Tierwelt dem europäischen Landmann die Arbeit und die Anpflanzung nicht einheimischer Producte erschweren werden. Also angenommen, eine sechsstündige Arbeitszeit genüge, womit soll er sich in der übrigen Zeit beschäftigen? Die viele freie Zeit ist sein Verderb. Wenn er des Morgens drei Stunden gearbeitet hat, wird er ermattet sich niederlegen und — trinken. Bei der starken Transpiration, welcher der Europäer im Allgemeinen und der Arbeiter in erhöhtem Maße ausgesetzt ist, muß der Wasserverlust durch reichliches Wassertrinken ersetzt werden. Bei dem Vorurteil aber, welches der Europäer allgemein in den Tropen gegen das Wasser hat, ist es eine

Hauptregel für ihn, um gesund zu bleiben, einen Schluck Branntwein, wie er sagt, unter das Wasser zu gießen, obwohl dies ein wirklich ungesundes Wasser nicht gesund macht. Zunächst bleibt es bei einem Schluck, aber es dauert nicht lange, da befindet sich mehr Branntwein als Wasser im Glase. Dann sagt man: „Der Mensch bedarf in diesem Klima einer Stärkung und Anregung, sonst hält er es nicht aus." Mit diesen Grundsätzen erliegt man dann dem Klima. Nichts ist in den Tropen zur Untergrabung der Gesundheit mehr geeignet, wie die Unmäßigkeit in alkoholischen Getränken und nirgendwo neigt der Europäer mehr dazu als in den Tropen. Ein jeder Beruf läßt dort eine Menge freie Zeit; der Gebildete kann sich geistig beschäftigen und hat mehr Kraft der Versuchung zu widerstehen. Der Kaufmann weiß, daß er nach kurzer Zeit nach Europa zurückkehren kann; er weiß, daß er später als wohlhabender Mann nicht mehr nötig hat, in das heiße Klima zurückzukehren; der wissenschaftliche Reisende, der ideale Ziele verfolgt — oder besser verfolgte, denn jetzt strebt man realen nach —, ist ängstlich bemüht, alle Schädlichkeiten zu meiden und alles aufzubieten, sein Ziel zu erreichen. Dem Arbeiter bleibt nur der — Schnaps. Es unterliegt keinem Zweifel, daß ein nicht geringer Procentsatz in Folge des Alkoholmißbrauchs zu Grunde gehen würde.

Und was würde mit denen geschehen, die weder dem Klima, noch dem Alkohol erliegen? Man würde in kurzer Zeit die Beobachtung machen, daß, wenn durch den Anbau eines wertvollen Handelsproductes sich ein guter Gewinn erzielen ließe, die Arbeiter die Herren spielen und die Neger arbeiten lassen würden. Wir hätten dann Plantagenwirtschaft: arbeitende Neger und beaufsichtigende und leitende Europäer. Haben doch auch die Boers in Südafrika nicht selbst gearbeitet in einem Lande, wo sie doch am meisten dazu imstande gewesen wären. Sie haben es sich bequem gemacht, indem sie die Eingeborenen als Hörige behandelten und sich dienstbar machten. Uebrigens ist, wie ja allbekannt, der größte Teil Südafrikas das Damara- und Herero-Land bis zu dem salzhaltigen Ngamisee und noch weiter zum Ackerbau wenig oder gar nicht geeignet. Denn daran wird wohl niemand im Ernste denken, durch Bohrungen die Sandwüsten zu bewässern; eher wäre es noch möglich, durch Stauungen von Flüssen oder dergl. gewisse Strecken

Landes für die Bodenkultur nutzbar zu machen. Aber auch das liegt in jenen Gebieten in weiter Ferne. Die Viehzucht absorbiert nicht viele Leute, und dazu sind teilweise Eingeborene in jenen Gebieten besser zu gebrauchen wie Europäer. Uebrigens ist Viehzucht ohne Ackerbau dort ein Rückfall in's Nomadenleben. Was das Transvaalland betrifft, so liegen die Distrikte, welche sich besonders zu Anpflanzungen eignen, bereits in der heißen Zone, wo überhaupt der europäische Arbeiter nicht verwendbar ist.

Und was haben wir von den sogenannten Bergwerkskolonien zu erwarten? Nachdem das Lüderitzland Deutsch geworden oder vielmehr nachdem jenes südafrikanische Küstenland zu Lüderitzland geworden und unter deutschen Schutz gestellt ist, hat man sich der Hoffnung hingegeben, daß die in den Hinterlanden gelegenen Kupfer oder Bleibergwerke zu Bergwerkskolonien Veranlassung geben könnten. Diese seien um so mehr anzustreben und den Ackerbaukolonien vorzuziehen, weil letztere der einheimischen Viehzucht und dem einheimischen Ackerbau empfindliche Konkurrenz machen könnten! Die Furcht geht wohl etwas zu weit. Andererseits war in einem politischen Blatte der Rat erteilt, man solle nur in solchen Gegenden Bergbau treiben, wo Erze lagern, die dem einheimischen Bergbau nicht zu viel Eintrag thun würden. Damit waren Kupferbergwerke gemeint. Als ob der Gebiete so viele wären, wo man beliebige Auswahl zwischen allen möglichen Metallen hätte. Aber auch diese Bergwerkskolonien werden ein frommer Wunsch bleiben. Die Versuche, die in den südwestafrikanischen Besitzungen Portugals mit europäischen Arbeitern in den Bergwerken gemacht worden sind, zeigen zur Genüge, daß daran nicht gedacht werden kann. Die Eingeborenen werden auch hier in Zukunft die Hauptarbeiter abgeben. Das ist jedem klar, der die Verhältnisse kennt und die Sache nüchtern betrachtet.

Der Besitzer von Kupfer- oder Bleibergwerken wird sich nicht teure Arbeiter mit großen Kosten aus Europa holen, wenn er billige im Lande selbst bekommen kann. Solche wird er aber mit der Zeit und bei einigem Geschick in der Behandlung der Eingeborenen erhalten. Arbeiten doch auch schon Tausende von Kaffern in den Diamantfeldern. Ingenieure, Werkmeister, Aufseher werden Europäer sein, aber unsere überschüssigen Arbeitskräfte werden auch dort keine Verwendung finden. Ein Land für die Auswanderung im Großen ist auch Südafrika nicht. Es wäre dann schon längst ein Anziehungspunkt geworden. Man hat sich im Gegenteil genötigt gesehen, tausende von indischen und chinesischen Arbeitern zu importieren, ein Beweis, daß auch in Südafrika der Europäer nicht mit seiner Arbeitsleistung zu konkurrieren vermag.

Es ist demnach gar keine Frage und von Allen, welche die Verhältnisse unparteiisch und vorurteilsfrei beobachten, anerkannt, daß der Europäer in den Tropengebieten Afrikas und gewissermaßen überall in dem schwarzen Erdteile nur in beschränkter Weise und vorübergehend Verwendung finden kann. Als Aufseher, Unterrichter, Anleiter für die eingeborene Bevölkerung wird er in den Tropenländern Afrikas für eine gewisse Zeit ohne Schaden für seine Gesundheit thätig sein können. Die Dauer des Aufenthaltes ist von der Individualität, von der Gegend und der Art seiner Beschäftigung abhängig. Sie dürfte durchschnittlich drei bis fünf Jahre betragen. Dann werden die Meisten gezwungen sein, für einige Zeit das gemäßigtere Klima aufzusuchen. Es werden sich in den sich entwickelnden Küstenplätzen allmählich auch Handwerker und alle möglichen Berufsklassen ansiedeln, wie das ja auch in Indien der Fall ist. Aber auch hier wird die eigentliche Arbeit nicht von dem Europäer besorgt werden; auch der Handwerker wird immer dahin streben müssen, nach einer gewissen Zeit seinen dauernden Aufenthalt wieder in Europa zu nehmen.

Lebensweise und Krankheiten.

Wenn ich sagte, daß der Europäer ohne Schaden für seine Gesundheit eine Reihe von Jahren in den Tropenländern Afrikas aushalten könne, so wird das, abgesehen von den Verhältnissen, über die er keine Macht hat, nicht wenig von seiner Lebensweise abhängen. Sie muß eine rationellere sein, als wie man sie hier zu Lande meist zuführen pflegt. Da aber gerade die sich in den Tropen aufhaltenden Europäer vielfach das Gegenteil von dem thun, was der Gesundheit dienlich ist, so kann man sich nicht wundern, daß so viele an den „Folgen des Klimas“ zu leiden haben. Man muß es gesehen haben, wie von einem großen Teile der europäischen

Kaufleute in Indien gelebt wird, um zu verstehen, daß so viele Leberkranke nach Europa zurückkehren. Brandy, Bier, Brandy und noch einmal Brandy und eine Reihe Fleischspeisen dreimal am Tage. Und worin bestehen die Ausgaben in geistigen oder körperlichen Leistungen gegenüber der Unsumme von eingeführten leistungsfähigen Stoffen? In dem unter Aechzen und Stöhnen erfolgenden Ersteigen der Comptoirtreppe, in der geringen Anstrengung weniger Geschäftsstunden und in einer Spazierfahrt vom und zum Geschäftslokal! Kann es da Wunder nehmen, daß man in jenem Klima an intensiveren Stoffwechselkrankheiten zu leiden hat, als in dem unsrigen, wo auch schon viele Leute an solchen laborieren? Hier zu Lande kann man aber schon manche Diätfehler ungestraft begehen, die sich in den Tropengegenden in gefährlicher Weise rächen. Die in Bombay lebenden jungen Engländer treiben auch dort vielfach ihren Sport: Polo, Ballspiel, gymnastische Uebungen und haben dieser Sitte zu verdanken, daß sie trotz des vielen Brandy's verhältnißmäßig wenig unter dem Klima leiden. Auf Sansibar beteiligten sich in den letzten Jahren an diesen Spielen auch die deutschen Kaufleute, die bei Mäßigkeit in alkoholischen Genüssen sich immer einer guten Gesundheit erfreuten und auch bei längerem Aufenthalte noch eine frische europäische Gesichtsfarbe zeigten. Was mich persönlich betrifft, so habe ich während meines siebenjährigen Aufenthaltes so gut wie gar keine geistigen Getränke zu mir genommen. Bei vorwiegend vegetabilischer Kost habe ich mich wohler gefühlt als bei reichlicher Fleischnahrung. Früchte sind immer gesund, wenn sie gekocht genossen werden. Das Fleisch der noch vollkommen unreifen Mangofrucht giebt, mit starkem Zuckerzusatz gekocht, ein dem Apfelmuß ähnliches sehr angenehm säuerlich schmeckendes Gericht, das auch Dysenteriekranken gut bekommt. Der Mangobaum scheint überall im tropischen Afrika gut fortzukommen und kann in Zukunft für die Einfassung der Landstraßen benutzt werden, während die Orange nur auf der Insel Sansibar gut gedeiht. Bananen rufen bei manchen Personen Verdauungsstörungen hervor. Es scheint, daß die auf gewissem Boden wachsenden Früchte besonders zu solchen Veranlassung geben. So ertrug ich die auf Sansibar wachsenden Ananas, auch in Menge genossen, sehr gut, während die von der Küste stammenden häufig Darmkatarrhe hervorriefen. Was die Kleidung in den Tropen anbetrifft, so will ich hier nur so viel bemerken, daß die Wolle allen anderen Stoffen vorzuziehen ist. Verfasser ist in den Tropen von Baumwolle zu Wolle übergegangen, hat sich dabei wohler gefühlt und ist weniger Erkältungen ausgesetzt gewesen. Bei sehr starker Transpiration bleibt die Wollenkleidung immer trockener als die baumwollene. Für den Reisenden, der nicht stets in der Lage ist, seine Wäsche häufig wechseln zu können, hat die Wolle noch den großen Vorteil, daß sie nie den unangenehmen Geruch hat, der sich in Folge der starken Transpiration bei Baumwolle bald einstellt. In dicken wollenen Strümpfen leiden die Füße bei angestrengtem Marsche am wenigsten. Daß die Wolle zur Uebertragung von Infectionsstoffen geeigneter sei, ist weder bewiesen, noch kommt das in Afrika in Betracht. Bei Vielen, die an Baumwolle gewöhnt sind, ruft die Wolle im Anfange eine Reizung der Haut hervor, die jedoch bald nachläßt. Bei Personen, besonders Neulingen in den Tropen, die an starker Rötung und an stechendem Jucken der Haut leiden (Preackle heat), kann es vorübergehend notwendig sein die Wolle fortzulassen. Uebrigens wird man im Inneren wohl nur sehr selten von diesem Hautleiden belästigt. — Man mache es sich zur Regel, auch die kleinste Wunde an den Füßen (Wundlaufen, Wundkratzen bei Moskitostichen) mit einem Stückchen Heftpflaster zu bekleben.

In mancher Beziehung sind die Tropen, was Krankheiten anbetrifft, unserem Klima gegenüber im Vorteile. Diphteritis und Typhus, die bei uns soviele Opfer fordern und denen wir in therapeutischer Beziehung ziemlich machtlos gegenüber stehen, sind dort unbekannt. Dysenterie und Malaria sind die einzigen einheimischen Infectionskrankheiten Afrikas, welche dem Fremdling direkt gefährlich werden, gegen die wir aber so ausgezeichnete Mittel besitzen, daß wir sie mit dem besten Erfolge zu bekämpfen im Stande sind. Die Dysenterie hat ferner in Afrika im allgemeinen keinen bösartigen Charakter und tritt weniger epidemisch auf; selbst in einem verhältnißmäßig unreinen Orte wie Sansibar, in dem die Dysenterie nie ausstirbt, sind niemals Epidemien beobachtet worden. Auch besitzen wir in der Brechwurz (Ipecacuanha) gegen die afrikanischen Dysenterien ein ausgezeichnetes Mittel, dessen Wirkung kaum weniger sicher ist, wie die des Chinin bei Malaria. Auf

Sansibar finden die meisten Erkrankungen an Dysenterie während des Regens statt.

Was die sogenannten Malaria-Affectionen anbetrifft, auf die wir hier näher eingehen wollen, so sind die Reisenden mehr oder weniger geneigt, die Sonne als Uebelthäterin anzuklagen oder sie doch als solche mitwirken zu lassen. Da hat man einmal zwei Stunden im Sonnenbrande gestanden oder auf der Jagd in der Sonne sich stark erhitzt oder in einem Zelte zugebracht, welches von der Sonne beschienen war. Gleich darauf oder bald darauf bekommt man Fieber und, da ein Jeder sich bemüht, einen Grund dafür zu finden und die Sonne das Nächstliegendste und Sichtbarste ist, so beschuldigt man nach dem Grundsatze „post hoc, ergo propter hoc" natürlicherweise die Sonne. Und doch ist gerade diese durch ihre austrocknenden und sogar tötenden Strahlen im Stande, diejenigen Stoffe unschädlich zu machen, welche die eigentliche Ursache des Fiebers abgeben. Die halbdunkelen feuchten Orte, wo die Sonne nicht hindringt, sind dem menschlichen Organismus gefährlich. Wenn man freilich geradezu die Sonne herausfordert, wie z. B. jener belgische Reisende, welcher als erster der von der internationalen Gesellschaft ausgesandten Pioniere in Sansibar sein Leben lassen mußte, so kann man sich nicht wundern, daß man auch einmal von der Sonne getötet wird. Dieser Unglückliche war eben in Sansibar eingetroffen, hatte sich weder an die Sonne gewöhnt, noch überhaupt durch Muskelbewegung und Marschieren in dem warmen Klima sich eingelebt, da fällt ihm eines Tages nach einem opulenten Frühstück mit dem üblichen Sherry ein, Mittags 1 Uhr das Gewehr auf den Rücken zu nehmen und zur Vogeljagd an den Strand zu laufen. Wenige Stunden darauf war er eine Leiche.

Ich möchte im Gegenteil behaupten, daß Hitzschlag und Sonnenstich in Afrika weniger häufig vorkommen wie bei uns in manchen unserer großen Städte und bei den Märschen des Militairs während der heißen Zeit. Mir ist bei meinem langjährigen Aufenthalte in den Tropengebieten Ostafrika's nicht ein einziger Fall vorgekommen oder bekannt geworden. Es kommen hierbei jedenfalls noch ganz andere Momente in Betracht, wie der bloße Sonnenschein. Einen Sonnenschirm kann man nicht blos im westlichen Hochlande, wie Stanley meint, sondern auch an der Ostküste entbehren, ohne sich irgend einer Gefahr auszusetzen; und um eine Mütze aus doppeltem Baumwollenzeug gefahrlos tragen zu können, braucht man nicht nach dem oberen Kongo zu gehen. Man sehe sich nur einmal die Matrosen auf den europäischen Schiffen im Hafen von Sansibar an. Sogar ohne jede Kopfbekleidung arbeiten sie den ganzen Tag auf Deck des Schiffes; ja ich habe unsere deutschen Matrosen stundenlang am Strande thätig gesehen, ohne auf dem Kopfe etwas anderes zu tragen als ein durchlöchertes Strohhütchen. Es ist niemals ein Unglücksfall oder auch nur ein Unwohlsein danach zu konstatieren gewesen! Durch einen englischen Korkhelm geschützt, ist der Europäer immer im Stande, sich den ganzen Tag lang der Sonne ohne üble Folgen auszusetzen. Die Kaufleute müssen oft stundenlang in der brennendsten Sonnenhitze am Strande stehen. Ich selbst und manche andere Europäer sind von Morgens bis Abends umhergestreift und der Jagd nachgegangen, den Kopf nur mit einem leichten Hute bedeckt; ich habe mit solcher Kopfbedeckung stundenlang an der Küste sowohl wie im Inneren in der Sonne zugebracht, ohne die geringsten üblen Folgen. Es versteht sich von selbst, daß der Neuangekommene sich nicht sofort in derselben Weise der Sonne und den Strapazen aussetzen kann, wie das derjenige zu thun vermag, der längere Zeit dort gewesen ist. Man muß sich eben einleben und einüben, bis man sonnenfest geworden ist. Wer die Sonne nicht ertragen kann oder immer einen Schirm nötig hat, der paßt nicht für Afrika.

Ebensowenig wie die Sonne, rufen auch Ueberanstrengungen, schlechte Nahrung, sogenannte Erkältungen, Mangel an Schlaf u. s. w. Fieber hervor. Diese Einflüsse können als befördernde Momente vielleicht mit in Rechnung gezogen werden, nach der Annahme, daß in einem gesunden und kräftigen Körper die Infectionsstoffe weniger leicht Eingang finden oder sich entwickeln können, als in einem kranken und schwächlichen; aber auch das ist nur in beschränktem Maße oder für gewisse Infectionskrankheiten der Fall, bei der Malaria ist das von geringer Bedeutung; häufig genug habe ich das Gegenteil beobachtet. Bei mir selbst habe ich nie einen Zusammenhang nachweisen können. Was speciell Anstrengung und Aufregung betrifft, so ist es eine allen Reisenden bekannte Thatsache, daß man bei anstrengendem Marschieren meist vom Fieber verschont bleibt oder doch nur wenig belästigt wird; daß man aber, sobald man an einem Platze in Ruhe kommt, erkrankt. Hierher gehört auch — obwohl dabei noch andere Umstände zu berücksichtigen sind — die in mancher Beziehung rätselhafte Erscheinung, daß man sich wochenlang in notorisch höchst ungesunden Flußniederungen auf der Flußpferdjagd umhertreiben kann, ohne krank zu werden. Sobald man aber den Platz verläßt, sei es nach einigen Tagen oder erst nach Wochen, so kann man sicher sein, sechs Tage später von dem heftigsten Fieberanfall heimgesucht zu werden. Soviel ist aber wohl gewiß, daß eine regelmäßige Muskelbewegung, die damit verbundene energische Transspiration und überhaupt der energischere Stoffwechsel gerade für die Tropen ein sehr wichtiges Mittel ist, die Gesundheit zu erhalten.

Ebenso giebt das Wasser in den seltensten Fällen die Veranlassung zu einem Fieberausbruche. Ich selbst habe viel und fast nur Wasser getrunken der verschiedensten Art und von den verschiedensten Lokalitäten: aus Teichen, Bächen, Flüssen, Regentümpeln, Wasserlöchern 2c., ohne daß ich jemals Fieber danach bekommen hätte. Ich habe auch bei Anderen niemals das Wasser als Ursache des Fiebers nachweisen können. Anders verhält es sich mit Darmkatarrhen und Dysenterie. Die Eingeborenen wissen sehr gut das schlechte und vielleicht schädliche Wasser von dem zuträglichen zu unterscheiden. Zuerst hat man eine gewisse Scheu. Wenn man aber nach starkem Marsche und energischer Transspiration an einen Wasserplatz kommt und den Neger mit Wohlbehagen trinken sieht, so denkt man nicht erst an's Filtrieren, sondern schlürft gierig und mit Genuß das köstliche Naß, welcher Art es auch sein möge. Es versteht sich von selbst, daß man auf einer Station immer nur filtriertes Wasser genießen wird. Das Medium, welches die verderbenbringenden Keime birgt, ist die Luft, die wir atmen und sehr häufig nur die Luft in den Räumen, in welchen wir leben. Die Infectionsherde sind in vielen Fällen mehr oder weniger engbegrenzte Lokalitäten. Das ist von der größten praktischen Wichtigkeit sowohl für den Kaufmann, Beamten und Plantagenbesitzer, wie für den Reisenden, der Afrika besucht. Man darf sich nicht vorstellen, daß die ganze Luft in den fieberschwangeren Tropengebieten infectionsfähig sei. Es sind nur immer gewisse Oertlichkeiten, wo sich der giftige Stoff in solcher Dichtigkeit oder solcher Beschaffenheit vorfindet, daß man durch die Einatmung von der Krankheit befallen wird. Das beweisen die verschiedensten Thatsachen. Die Insel Sansibar hat im allgemeinen, in sanitärer Beziehung, einen sehr schlechten Ruf. Die alten englischen Berichte schildern das Klima als geradezu mörderisch. Ich hörte sogar, daß Lebensversicherungen früher niemanden aufgenommen hätten, der nach Sansibar gewollt. Aber man muß wohl unterscheiden zwischen der Stadt und dem Lande. Die Stadt bietet jetzt einen so günstigen Aufenthaltsort für die Europäer, wie ihn vielleicht wenige Tropenstädte in der Lage und unter den Verhältnissen aufzuweisen haben. Die Kaufleute bewohnen nur die Stadt; weder auf einem anderen Teile der Insel noch an der Küste haben sich solche niedergelassen. Die Europäer haben verhältnißmäßig weniger von dem Fieber zu leiden wie die Eingeborenen, besonders die Indier. Und worin ist der Grund zu suchen? Einzig und allein darin, daß die Europäer trockene, reinliche, geräumige, gut ventilierte und freier gelegene Wohnungen besitzen. Eine gesunde Wohnung und speciell ein gesunder Schlafraum ist das Wichtigste, worauf der Europäer in den Tropen zu achten hat. Die am Stanley-Pool für Europäer errichteten Hütten aus Felsstücken, die mit Erde überworfen sind, müssen in der Regenzeit als durchaus ungesund bezeichnet werden. In den dunstigen, schmutzigen, feuchten und halbdunkelen Wohnungen der Indier, welche eher Höhlen genannt werden können, entwickelt sich der gefährlichste Fieberstoff. Aber auch selbst in den Wohnräumen der vornehmeren und wohlhabenderen Indier herrscht ein dem Europäer sofort auffallender eigentümlich widriger Geruch, den man am besten mit dem von alter Wäsche oder mit dem Kinderzimmergeruch vergleichen kann. Auch in diesen auf den ersten Blick nicht ungesund erscheinenden schlechtventilierten Wohnungen finden die das Fieber erzeugenden niederen Organismen ihre Existenz- und Entwickelungsbedingungen. Leute, welche in solchen Räumen schlafen, werden immer von neuen Fieberanfällen heimgesucht, sie nehmen Chinin über Chinin ohne Erfolg, aber das Fieber ist verschwunden, sobald sie einen anderen Schlafraum aufsuchen. Es giebt Europäer, die Jahre lang auf Sansibar zubringen, ohne Fieber gehabt zu haben. Ich selbst habe, obwohl ich in der ersten Zeit meines

Aufenthaltes täglich mehrere Stunden auf den Plantagen mich aufhielt und an den Teichen der Vogeljagd nachging, niemals Fieber bekommen. Andererseits konnte ich später bei den meisten Europäern, welche am Fieber zu leiden hatten, den Infectionsort nachweisen. So hatte ein Kaufmann 2 Stunden in einem dumpfigen, lange verschlossen gewesenen Lageraum arbeitende Neger beaufsichtigt — nach 8 Tagen hatte er des heftigste Fieber. Europäer, welche einen Ausflug auf die Insel gemacht und in einem arabischen Hause übernachtet hatten, lagen nach 8 Tagen alle am Fieber danieder. Ich selbst holte mir mein erstes Fieber in einer feuchten Lehmhütte, nachdem ich 2½ Monate auf Sansibar und 7 Monate an den verschiedensten Küstenplätzen zugebracht hatte. Bei mir selbst wie auch bei Anderen habe ich die Beobachtung gemacht, daß ein Aufenthalt von einer halben Stunde in gewissen Räumen genügt, um sich anzustecken. Die niederen Organismen, welche die Malaria-Krankheit hervorrufen, sind in ihrer Entwickelung nicht an den Boden allein gebunden, sondern vermögen auch an allen möglichen anderen Orten zu existieren. Die Keime sind allgegenwärtig, überall hin werden sie durch den Wind verbreitet, aber es bedarf noch besonderer Verhältnisse, um sie für den Menschen gefährlich zu machen. In der trockenen Zeit sind gewisse Gebiete so gesund, daß man auf dem Boden schlafen kann, ohne nachteilige Folgen zu verspüren.

In der Regenzeit, wo die Keime überall zur Entwickelung kommen, auf den Hochebenen des Inneren sowohl, wie an der Küste, ist man auch in sonst gesunden Gebieten mehr oder weniger einer Ansteckung ausgesetzt. Herrschen doch auch an den Hochlandsseen, wie der Naiwascha, 1900 Meter (6000 Fuß) über dem Meere, sehr bösartige Fieber. Besonders gefährlich sind in diesen Gebieten die Bambuswälder, in denen die Karawanen zahlreiche Träger verlieren. Folgende Bedingungen sind für die Entwickelung der Keime von Wichtigkeit: die nötige Wärme, welche in den Tropen immer vorhanden ist; eine gewisse Feuchtigkeit; Stagnation der Luft; vielleicht auch Abwesenheit des directen Sonnenlichts. Diese Bedingungen werden in vielen kleinen, nicht regendichten, schlechtventilierten Häusern erfüllt, in den feuchten Zelten der Reisenden, in gewissen Stadtteilen, z. B. in sehr engen, unreinlichen Gassen, in den Mündungsgebieten der Flüsse, im Uferwalde, in feuchten, engen Thälern, in sumpfigen Niederungen, in feuchten Wäldern. So lange sich die am Stanley-Pool stationierten Europäer auf einer gut gelegenen Station aufhalten, bleiben sie gewöhnlich gesund; wenn sie aber in dem Urwald sich zu schaffen machen oder auf die Wasserjagd gehen, werden sie von Fieber befallen. Wir finden in der Zeit die meisten Fieberkranken, wenn Sonnenschein und Regengüsse abwechseln und zugleich Windstillen vorhanden sind. Auf Sansibar trat in den letzten Jahren regelmäßig im Verlaufe der heißen Zeit, im Dezember, Januar, Februar, wo sich Gewitterschauer und Windstillen einstellten, eine starke Epidemie auf. Diese Monate sollen früher trockener und daher gesunder gewesen sein, während jetzt Juli, August und September die gesundesten sind. In den letzten Jahren gab die Regenzeit im Monat April, weil sie nur kurz und zugleich von starken Winden begleitet war, zu Fieber nicht so sehr Veranlassung wie früher. Ein starker und anhaltender Regen ruft besonders unter den Bewohnern der Lehmhütten Epidemien hervor, die vorzüglich nach dem eigentlichen Regen auftreten, wenn die durchfeuchteten Wohnungen wieder austrocknen.

Gewisse Gebiete im Inneren der Insel und an der Küste sind sehr gefährlich, besonders wenn man nachts dort zubringt. Berichtet doch der englische Reisende Burton von einem Boot mit Matrosen, die, um Wasser aus einem kleinen Flusse zu holen, eine Nacht im Boote schlafend zubrachten und in Folge dessen alle an Fieber zu Grunde gingen. Rindvieh und Pferde sterben im Inneren der Insel bald dahin. Die Fieber, welche man sich in derartigen mit üppigem Pflanzenwuchs versehenen Niederungen holt, sind gewöhnlich sehr heftig und bösartig; sie bestehen meist in den sogenannten Gallenfiebern, die ich in der Stadt Sansibar unter den Europäern niemals beobachtet habe. Es geht niemand ungestraft auf Flußpferdjagd. Von allen Europäern, die in den Niederungen des Kingani- oder Wami-Flusses gegenüber Sansibar auch nur wenige Tage der Jagd obliegen, ist nicht ein einziger, der frei von Fieber bleibt.

Die Feuchtigkeit, welche die Fieber erregenden Organismen zur Entwickelung bringt, braucht keine sehr große zu sein. Bei häufigem Regen ist die Luft schon so mit Wasserdampf gesättigt, daß diese Feuchtigkeit schon genügt, einen gewissen Wohnraum zu einem Infectionsherd zu machen. Man hält es oft kaum für möglich, daß in einem Schlafraume, der auf den ersten Blick gar keinen ungesunden Eindruck macht, Ansteckung erfolgen könne. Aber wenn man den Kranken das Schlafzimmer wechseln läßt, so wird das sofort klar. Der oft große Raum, der sich in manchen arabischen, von Europäern bewohnten Häusern Sansibars an die Küche anschließt, giebt nicht selten zur Miasmenbildung Veranlassung, weil in demselben das Spülwasser ausgegossen wird. Die in solchen Räumen schlafenden portugiesischen Köche werden das Fieber nicht los.

Es bedarf keiner weiteren Erwähnung, daß ein jedes fruchtbare Gebiet des tropischen Afrika, mag es hoch oder niedrig gelegen sein, Dutzende von Lokalitäten aufzuweisen hat, in denen der Europäer sich unfehlbar inficieren muß, wenn er dort reist, dort wohnt oder gar den Boden bearbeiten will. Die auf den Bergen von Ussagara und Assegua wohnenden französischen Missionare haben mehr von Fieber zu leiden als die in der Stadt Sansibar ansässigen. Sie steigen nach einiger Zeit von ihren „kühlen" und „gesunden" Höhen herab, um sich auf Sansibar zu erholen. Alle Flußgebiete, besonders die des Lufidschi, Kingani und Wami bieten auch in ihrem Oberlaufe solche der Gesundheit des Europäers sehr gefährliche Lokalitäten in Menge.

Je größer der Infectionsherd, um so größer ist die Wahrscheinlichkeit sich auch in der näheren Umgebung desselben zu infizieren. Doch ist die Gefahr durch den Wind, welcher die Keime zuführt, inficiert zu werden, sehr gering. Im anderen Falle müßten zu gewissen Zeiten, wo der Wind von dem Inneren der Insel Sansibar zur Stadt weht, mehr oder weniger alle Bewohner und besonders die Europäer an Fieber erkranken. Aber zu der Zeit ist der Gesundheitszustand gewöhnlich ein günstiger. Den besten Beweis dafür, daß nicht der Wind die Krankheit direct zuweht, daß nicht der Boden allein die Keime sich entwickeln läßt, sondern menschliche Wohnräume häufig die Infectionsstätten abgeben, liefern vor allem die Schiffsepidemien, die ich in Sansibar zu beobachten Gelegenheit hatte. Ein gewaltiges englisches Wachtschiff, eine alte, seeuntüchtige Fregatte, lag ½ englische Meile vom Strande entfernt im Hafen verankert. In den Wohnräumen dieses alten baufälligen Holzkastens entstanden in jedem Jahre bösartige Fieberepidemien und zwar in einer Zeit, wo in der Stadt das Fieber nicht stärker wie gewöhnlich herrschte. Der dritte Teil der über 200 Mann betragenden Besatzung lag zuweilen am Fieber darnieder. In einem Jahre, wo die Erkrankungen besonders heftig und zahlreich waren, legte man das Schiff an einen anderen Platz, weil man der Ansicht war, daß der Wind, welcher von der Insel Sansibar wehte, die Infectionsstoffe vom Lande herbeitrage. Das Verlegen des Schiffes hatte nicht den geringsten Erfolg. Dann meinte man wieder, die Mannschaft müsse sich das Fieber beim Urlaube vom Lande geholt haben, aber in der Stadt sowohl wie außerhalb derselben litten weder Europäer noch Eingeborene in außergewöhnlichem Maße. Ich hatte schon damals meine Ansicht dahin geäußert, daß in den Schiffsräumen selbst die Ursache gesucht werden müsse, und man überzeugte sich auch schließlich davon. Die Epidemien traten nämlich während des starken Regens auf, wo die Fenster des Schiffes geschlossen bleiben mußten. Da das Fahrzeug nicht mehr dicht war, so waren die Holzwände der Schlafräume wie mit kleinen Tautröpfchen übersät; dabei ungenügende Ventilation und viele Menschen in einem Raume zusammen. In den Schlafräumen der Mannschaften waren die Erkrankungen am zahlreichsten, aber auch in den Einzelzellen der Offiziere stellten sich dieselben ein. Ich habe ferner auch noch Gelegenheit gehabt, auf französischen Kriegsschiffen ähnliche zum Teil noch auffallendere Malaria-Epidemien zu beobachten.

Welche Nutzanwendungen ergeben sich hieraus für den Kaufmann, Kolonisten und Reisenden? Man achte vor Allem auf den Platz, auf dem man sein Haus, seine Hütte oder sein Zelt errichten will. Man spare nicht auf Kosten einer gesundheitgemäßen Einrichtung; denn das zweckmäßige Haus und besonders das gesunde Schlafgemach ist das Wichtigste, um gesund zu bleiben. Der Reisende sehe vor allem darauf, ein zweckentsprechendes Zelt mitzunehmen, auch wenn er einige Träger deshalb mehr engagieren muß. Unter einem gesunden Zelte verstehe ich ein solches mit doppeltem Dach; das obere muß aus regendichtem Stoff bestehen und weit über die Zeltwände vorspringen. Dieses obere Dach soll nur an Regentagen benutzt werden. Das Zelttuch ist bei nassem Wetter in einem regendichten Sacke zu tragen, an schönen Tagen soll man es frei von der Sonne bescheinen lassen. In der Regenzeit meide man es, unter

Bäumen oder doch unter dichterem Laubwerk zu lagern; der Aufenthalt in Wind und Regen ist gesunder als der an dunstigen Stellen, wo die Luft sich weniger erneuert. In der trockenen Zeit mag man das Zelt unter Bäumen aufschlagen, wenn zugleich der Boden trocken und ohne modernde Substanzen ist; aber, hat man nur die Wahl zwischen baumlosem Terrain und feuchtem Wald, so wähle man das erstere. Es ist besser im ärgsten Sonnenbrande und Sande als in der dumpfigen Waldluft. Bei Tage kann man sich allerdings in einem solchen freistehenden Zelte nicht aufhalten, wenigstens nicht in den Stunden von 9—4. Dann läßt man sich eine auf Stangen ruhende Ueberdachung von Gras oder Laubwerk herrichten, welche die Neger in der kürzesten Zeit herzustellen wissen. Man kann sicher sein, daß man in einem solchen auf trockenem Boden stehenden Zelte, das den Tag über von der Sonne beschienen ist und in dessen Innerem sich eine Temperatur bis 50° C. entwickelt hat, des Nachts nicht mehr von Fieberkeimen inficiert wird. Die trockenen und heißen Gebiete Afrikas sind dem Europäer zuträglicher als die feuchten und kühleren.

Was die Hütte oder das Haus betrifft, so errichte man sie wo möglich auf einem freien, von der Sonne beschienenen Platze, den der Wind bestreichen kann. Viele große, schattengebende Bäume, welche die Feuchtigkeit zurückhalten und die Lufterneuerung erschweren, dulde man nicht in nächster Nähe. Man lasse die schnell austrocknende und damit desinficierende Kraft der Tropensonne ungeschwächt wirken, was besonders bei Strohdächern von Wichtigkeit ist. Im Inneren einer mit Strohdach bedeckten Lehmhütte ist es sehr kühl, wenn nur das Dach genügend hoch ist und man einen seitlichen Spielraum zum Durchstreichen des Windes läßt (scheunenartig). Den Fußboden bilde eine halbfußdicke aus Asche und Lehm zusammengemengte Schicht, welche festgestampft wird. Man achte darauf, das Innere so einzurichten, daß der Schlafraum nicht nach der Regenseite zu liegen kommt. Die Fenster sollen so angebracht sein, daß möglichst viel Luftzug entsteht. Die Strohdächer der Lehmbauten oder Blockhäuser sollen weit vorspringen, damit die Wände möglichst von Feuchtigkeit verschont bleiben. In der Regenzeit hat man die Windseite durch eine aus Gras oder Palmblättern geflochtene Wand zu schützen, die bei Sonnenschein weggesetzt wird.

Aus dem Schlafraum lasse man Alles, was nicht unbedingt notwendig ist, fort. Das Waschen und Baden nehme man nicht im Schlafraum vor, auch die schmutzige Wäsche hebe man nicht in diesem auf. Wenn möglich, kalke man die Wände. Der Reisende ist natürlich nicht immer in der Lage, allen diesen Anforderungen gerecht zu werden. Wohnt er während der Regenzeit in einem Zelte, so ist eine Durchfeuchtung der Wände kaum zu vermeiden. Auf einer Station kann man aber die wesentlichen Bedingungen — Auswahl eines guten Platzes für das Haus, Trockenheit, Ventilation, Reinlichkeit — in der Regel erfüllen.

Was die Schiffe anlangt, welche nicht selten in den Flußmündungen oder Flüssen selbst verankert werden, so sind alte, undichte Holzschiffe durchaus ungeeignet, um eine größere Anzahl Europäer unterzubringen. Hier sind die oben angeführten Bedingungen kaum zu erfüllen. Bei jedem Fieber, von dem man befallen wird, achte man vor Allem auf die Orte, in denen man sich tags aufhält oder nachts schläft. Hat man Chinin frühzeitig und in richtiger Weise angewandt und wird trotzdem von Rückfällen heimgesucht, so ist die Gewißheit vorhanden, daß man sich an einer bestimmten Lokalität immer wieder von neuem inficiert, sei es nun in der eigenen Wohnung oder an dem Ort, wo man während des Tages beschäftigt ist.

Was das Fieber selbst betrifft, so will ich hier nur zur Beruhigung aller derer, welche afrikanische Tropengebiete besuchen, anführen, daß, wenn man versteht das Chinin richtig anzuwenden, dasselbe ein fast unfehlbares Mittel ist. Die zweckentsprechende Anwendung ist aber in manchen Fällen nur dem Arzte möglich, zumal in den Tropengegenden nicht nur die einem jeden, der dort gelebt hat, wohlbekannten charakteristischen Fieberanfälle, sondern auch noch eine Menge anderer versteckter Malaria-Krankheiten sich finden, welche unter dem Bilde verschiedener Organerkrankungen verlaufen und, wenn sie nicht rechtzeitig erkannt werden, nicht minder gefährlich sind wie jene. 2050 Personen, welche außer 400 Europäern meist Indier und Goanesen waren, habe ich während meines Aufenthaltes auf Sansibar als Malariakranke behandelt. Einer unter diesen ist gestorben, ein Europäer, der lange Zeit in Südamerika gelebt hatte und noch mit einem anderen Leiden behaftet war. Vier andere Fälle, welche tötlich verliefen, muß ich besonders erwähnen; sie betrafen Europäer, welche bereits auf Madagaskar erkrankt, die ganze Seefahrt über ohne Behandlung gewesen waren und in bewußtlosem Zustande in das französische Hospital auf Sansibar gebracht wurden. Ein fünfter Todesfall betraf einen französischen Contre-Admiral, der lieber sterben, als sich entschließen mochte eine, wie er meinte, für den Körper so schädliche Substanz wie Chinin zu sich zu nehmen.

Unter jenen 2050 Patienten befanden sich viele Reisende und Kaufleute, welche sich nicht auf Sansibar inficiert hatten, sondern von den verschiedensten Teilen der Küste, von Mozambique, Madagaskar und aus dem Inneren Afrika's — nicht wenige aus Ussagara — die Krankheit mitgebracht hatten. Es muß ferner eine große Beruhigung für den in Afrika lebenden Europäer sein zu wissen, daß der erste Anfall niemals mit dem Tode endet und daß, wenn man sofort bei dem ersten Unwohlsein die nötigen Maßregeln ergreift, selten Gefahr für das Leben vorhanden ist. Ich habe sehr bösartige Fieber beobachten können, in denen — und das ist schon eine große Ausnahme — mit dem Beginn des ersten Anfalles der Kranke bewußtlos zusammenbrach, aber auch bei so heftigem ersten Anfalle trat niemals der Tod ein. Besonders die französischen Aerzte haben die Gewohnheit, alle Fieberkranke zunächst mit Brechmitteln und Abführmitteln zu behandeln. Der Organismus erträgt allerdings eine solche Behandlung in vielen Fällen, in vielen Fällen aber auch nicht. Diese Mittel schwächen den Patienten und verursachen oft einen nachteiligen Zeitverlust für die Anwendung des Chinin. Dies Medikament, zu rechter Zeit und in der richtigen Weise und Stärke gegeben, führt fast in allen Fällen sicher und schnell die Genesung herbei.

Fassen wir noch einmal kurz die Punkte zusammen, welche für alle Gebiete des tropischen Afrika in Bezug auf die sanitären Verhältnisse maßgebend sind, so ergeben sich folgende:

1. Fiebermiasmen finden sich in allen niedrigen wie hochgelegenen Lokalitäten, welche die zur Entwickelung nothwendigen Bedingungen erfüllen.
2. In den fruchtbaren, feuchten, wasserreichen, eine üppige Vegetation und viel vegetabilische Zersetzungsprodukte führenden

Gebieten ist das Malariagift immer in Gefahr bringender Weise vorhanden.

3. In der Regenzeit ist jeder Boden mehr oder weniger für die Entwickelung des Malariagiftes geeignet.
4. Gesunde und ungesunde Lokalitäten befinden sich oft unweit neben einander.
5. Auch die Wohnungen können Infectionsorte für die Malaria bilden.
6. Eine trockene, gut gelegene Wohnung ist die erste Bedingniß für die Erhaltung der Gesundheit im tropischen Afrika.
7. Unter günstigen Verhältnissen und unter gewissen Bedingungen kann der Europäer jahrelang ohne Schaden für seine Gesundheit auch in Malariagebieten aushalten.
8. In der günstigsten Lage befinden sich die Missionare und die Leiter von Etappenstationen, auch der Kaufmann, wenn er nicht selbst reist, sondern sich die Waren bringen läßt. Weniger günstig liegen die Verhältnisse für den Plantagenverwalter, noch ungünstiger für den Reisenden und am ungünstigsten für den selbstthätigen Landmann.

Ich hoffe, daß es auch dem nicht medizinisch gebildeten Leser klar geworden ist, was gesund und ungesund heißt im tropischen Afrika. Wenn er in den Zeitungen liest von dem gesunden Klima Innerafrikas im allgemeinen oder gewisser Bergländer im besondern, wenn ihm ein Mann präsentiert wird, der nach zehnjährigem Aufenthalte in Afrika gesund heimgekehrt ist, oder wenn er hört, daß ein anderer gleich nach seiner Ankunft im Inneren gestorben sei, so wird er, hoffe ich, nunmehr wissen, was er davon zu halten hat und welche Schlüsse er ziehen und nicht ziehen darf.

Es werden sich gewiß manche Distrikte in der Zukunft durch die Bodenkultur, durch Entwässerung und durch rationelle Pflege der Waldvegetation in gesundheitlicher Beziehung verbessern lassen, ohne der Fruchtbarkeit zu großen Eintrag zu thun, dennoch wird die Malaria immer das Haupthinderniß für die Wirksamkeit des Europäers in Afrika bleiben.

Der Neger und der Handel.

Wir sind also zu dem Resultate gelangt, daß europäische Arbeitskräfte in Afrika nicht verwendet werden können. Und doch erfordert gerade die Kultivierung dieses Weltteils die Ueberwindung sehr großer Anstrengungen und die Heranziehung vieler Arbeitskräfte. Letztere sind vorhanden; sie sind vorhanden in der eingeborenen Bevölkerung; diese allein vermag die mannigfachen und zum Teil sehr schweren Arbeiten zu verrichten, welche die Anlage und Unterhaltung von Plantagen, die Herstellung von Verkehrswegen und die zahlreichen anderen notwendigen Unternehmungen mit sich bringen. Weder indische noch chinesische Arbeiter sind imstande, das Klima des tropischen Afrika's gut zu ertragen; letztere erliegen demselben bald, wie die fehlgeschlagenen Versuche der Franzosen in Senegambien gezeigt haben. Aber auch die dunkelfarbigen indischen Landarbeiter sind den Einflüssen des afrikanischen Klimas gegenüber nicht so widerstandsfähig, wie man anzunehmen geneigt ist. Jedenfalls sind sie nicht entfernt das zu leisten fähig, was der Neger vermag.

Es ist viel darüber gestritten worden, ob der Neger überhaupt für die Kultur und Civilisation zu gewinnen sei, ob er Intelligenz genug besitze, ob er selbständig bei der Kultivation seines Landes mitzuwirken im Stande sei. Es sind das zunächst ganz nebensächliche Fragen. Für die unerbittlich und rücksichtslos vordringende und sogar vernichtende Civilisation handelt es sich zunächst nur darum, ob die Negerrasse die Berührung mit der Civilisation, die durch dieselbe bedingte Veränderung in der Lebensweise aushalten, ob sie sich mit einem Worte anzupassen verstehen, oder ob sie, wie so viele andere Naturvölker, durch die Kultur zum Aussterben gebracht wird. Darüber aber kann kein Zweifel sein, daß der Neger wie kein anderes der tief stehenden Völker die Eigenschaft besitzt, sich veränderten Verhältnissen, anderem Klima, neuen Sitten und Gebräuchen, schweren Arbeiten unter den ungünstigsten Verhältnissen anzupassen. Unter diesen Umständen ist er für die Kultivation seiner Heimat von der größten Wichtigkeit, ja unentbehrlich, selbst wenn er so wenig intelligent und entwickelungsfähig wäre, daß er immer nur als ein Werkzeug in der Hand des Europäers zu mechanischer Arbeit Verwendung finden könne. Er ist aber bildungsfähig, er ist zu den mannigfachsten, auch größere Intelligenz erfordernden Arbeiten und Handwerken tauglich, er besitzt Sprachtalent und musikalische Anlagen (mehr wie die Indier); aber ohne einen gewissen Zwang wird er niemals für die Kulturarbeiten gewonnen und nie auf eine höhere Kulturstufe gebracht werden.

Die bisherigen Versuche in dieser Richtung sind sehr kläglich ausgefallen; man hat so gut wie nichts erreicht. Durch das gute Beispiel, so wird gesagt, durch Lehren und Predigen, sollen die Eingeborenen allmählich civilisiert werden. Durch den Verkehr mit den für das materielle Wohl sorgenden Kaufleuten und mit den für das Seelenheil arbeitenden Missionaren sollen die Neger mit vielen Dingen bekannt gemacht und in ihnen Bedürfnisse erweckt werden, zu deren Erlangung sie die Kräfte mehr anstrengen müssen. Man glaubt auf diese Weise den Neger allmählich auf eine höhere Kulturstufe zu bringen, ohne daß ein Zwang ausgeübt zu werden braucht. Diese Theorie bewährt sich leider in der Praxis nicht. An und für sich ist es schon sehr unwahrscheinlich, daß so homöopathische Mittel wie gutes Beispiel (das in vielen Fällen eher ein sehr schlechtes ist) und Erwecken neuer Bedürfnisse einen nennenswerten pädagogischen Einfluß auf eine so niedrig stehende Rasse wie die Neger ausüben werden. Der Neger ist, wie die meisten tief stehenden Völker, unfähig, sich aus sich selbst heraus weiter zu entwickeln. Auf der niedrigen Kulturstufe, die er erreicht hat, steht er bereits so lange, wie überhaupt geschichtliche Aufzeichnungen existieren. Er befindet sich, wie von vielen Seiten hervorgehoben ist, in gewisser Beziehung in einem Zustande der Kindheit, den er schon seit Jahrhunderten einnimmt und aus dem er ohne energische Mittel nicht herauskommen wird. Diese Kindheit unterscheidet sich aber wesentlich von dem Zustande unserer Kinder. Der Neger ist unseren Kindern gegenüber sehr im Nachteil. Denn letztere haben wenigstens eine ererbte Entwickelungsfähigkeit und Anlagen, die sie gewissermaßen befähigen, sich selbständig zu entwickeln. Und doch wird es wohl niemandem einfallen, zu behaupten, daß unsere Kinder ohne Zwang, nur durch das gute Beispiel, Ermahnungen und Predigen erzogen werden könnten. Wohin sollte es führen, wenn nur der Schulzwang aufgehoben würde? Generationen hindurch muß der Neger unter Vormundschaft gestellt und einem gewissen Arbeitszwang unterworfen werden, ehe er sich selbst überlassen werden kann. Nur durch die Gewöhnung an eine regelmäßige, dauernde Arbeit wird er einem höheren Kulturzustande entgegengeführt.

In Südafrika können sich die Engländer kaum rühmen, die Eingeborenen für die Kultur gewonnen zu haben, selbst nicht die Stämme, welche den Fremden freundlich entgegengekommen. Man hat sich veranlaßt gesehen, indische Arbeiter, Chinesen und Malayen einzuführen, um passende Arbeitskräfte zu erhalten. In den portugiesischen Besitzungen ist eher ein verderblicher Einfluß auf die Schwarzen nachzuweisen als ein wohlthätiger, abgesehen davon, daß der lange Zeit betriebene Sklavenhandel demoralisierend gewirkt hat. Ebensowenig haben die an der Westküste Afrikas ansässigen Europäer vermocht, durch den Handelsverkehr den Neger zur größeren Thätigkeit anzuregen oder nach irgend einer Richtung hin civilisierend auf ihn einzuwirken. Im Gegenteil, die verkommensten und zu angestrengter Arbeit am wenigsten geneigten Neger findet man gerade da, wo die Europäer mit den Eingeborenen in Berührung gekommen sind. Wir haben gesehen, daß der Neger im Westen sich nicht einmal die Mühe giebt, die so wenig Pflege erfordernde Oelpalme auzupflanzen und die Kautschukpflanze lieber ausrottet, als daß er sie mit ein wenig größerer Sorgfalt und Schonung ausbeutet. Durch den Handel, wie er jetzt besteht, wird es ihm möglich, auf die müheloseste Weise sich die wenigen Dinge zu verschaffen, deren er bedarf. Er stellt im allgemeinen jetzt keine größeren Anforderungen als wie in früheren Zeiten. Denn wenn auch die Küstenneger des Westens, welche durch den Zwischenhandel auf leichte und bequeme Art reich geworden sind, alle möglichen europäischen Dinge und Luxusgegenstände sich kaufen, so darf man doch nicht hieraus schließen, daß der Neger nunmehr auch das Bestreben habe, durch Fleiß und Mühe sich solche zu verschaffen. Wenn diese Zwischenhändler, die nicht wissen, wo sie mit ihrem Reichtum bleiben sollen, den Sekt und die Mahagonimöbel, welche man zuweilen bei ihnen findet, erarbeiten sollten, so würden sie lieber mit dem schlechtesten Rum und mit einer alten Kiste vorlieb nehmen und man würde bei ihnen ebensowenig „Luxus“ finden wie bei den Negern der Ostküste.

Hier, wo der Zwischenhandel in den Händen der Mohamedaner und Indier ruht, sehen wir, daß die Negerstämme der Küste jetzt ebensowenig bedürfen wie vor Jahren, trotzdem die Europäer vielfach mit ihnen in Berührung gekommen sind und sich Missionsstationen dort befinden und trotzdem sie durch die Mohamedaner mit allen möglichen Dingen bekannt geworden sind. Es rührt niemand einen Finger, um sich durch Arbeit mehr zu verschaffen, als zu seiner Existenz unbedingt nötig ist. Man pflanzt Negerkorn, Bananen nnd Mais, verhandelt einen kleinen Teil dieser Dinge, sowie auch zuweilen Vieh gegen einige Baumwollenlappen und ein Bündel Perlen. Diese europäischen Waren sind ja auch mit der Zeit und infolge der Konkurrenz sehr billig geworden; und wenn sich auch mancher ein Gewehr anschafft, so ist die dazu erforderliche größere Arbeitsleistung kaum in Betracht zu ziehen. Kauft man doch auf Sansibar einen einläufigen starken Vorderlader für 6 Mark! Der Verkauf eines kleinen Sackes Reis genügt, um eine solche Auslage zu bestreiten. Im Besitze eines Gewehres wird ja auch Speer und Schild überflüssig.

Trotz der geringen Anstrengung, welche nötig wäre, um neuerworbene Bedürfnisse zu befriedigen, trotz der geringen Preise, welche die Zeugstoffe, Mützen, Steingutwaren, Messer rc. haben, finden wir bei dem Neger der Küstenregion nicht mehr Gegenstände in seinem Haushalte, als bei dem tief im Inneren hausenden Wilden. Auch die Araber haben nach keiner Richtung hin die Lebensweise dieser Stämme beeinflussen können. Giebt es doch noch in unmittelbarem Küstengebiet Sansibars ein Hirtenvolk — die Gala — das großenteils noch immer Häute als Bekleidung trägt. Als ich einen der Eingeborenen fragte, weshalb sie sich nicht Baumwollenstoffe anschafften, erwiderte er, die Häute seien billiger und dauerhafter. Ich glaube auch nicht, daß die Negerstämme, welche jetzt Zeugstoffe angenommen haben, anfangs aus dem Grunde dazu übergegangen sind, weil sie dieselben für schöner und würdiger hielten, sondern weil dieselben ebenso billig und ihnen weniger Arbeit machten wie die Häute. Denn für die Stämme, welche kein oder nur wenig Vieh besitzen, verursacht die Anschaffung von Häuten Schwierigkeiten und nicht geringere Kosten. Ebenso ist auch die Anfertigung eines Hüftschurzes aus Bast oder Gras, wie er noch zuweilen von den Weibern getragen wird, mühsamer. Trotz der Wohlfeilheit eines Stückes Baumwollenzeuges sieht man auch noch bei den Küstenstämmen alle Kinder und selbst die Mädchen bis zu ihrer Verheiratung unbekleidet.

Es ist vielfach die Ansicht verbreitet, als ob man bei dem Neger mit allem möglichen Tand, wie mit alten Uniformen, Puppen, bunten Lappen, Harmonikas, Ringen u. dergl. gute Geschäfte machen könne. Darin irrt man sich sehr. Als Geschenk will er solche Dinge wohl annehmen, aber für dieselben seine Arbeitskraft einzutauschen, fällt ihm nicht ein. Im Handel verlangt er reellere Dinge: Zeugstoffe, Draht, Perlen, Gewehre und Pulver. Selbst die so sehr beliebten, mit bunten Steinen versehenen Fingerringe, um die man sich bei allen Stämmen förmlich reißt, wenn man sie umsonst bekommen kann, werden im Elfenbeinhandel nicht als ein Zahlungsmittel angenommen. Wenn der westafrikanische Küstenneger infolge des leichten Verdienstes sich manche überflüssige für den Europäer fast wertlose Gegenstände und Kinderspielzeuge anschafft, so darf man daraus nicht schließen, daß ihm solche Dinge nun zum Bedürfnis geworden wären. Man fordere ihn einmal auf, für solche Schätze ein Stück Land zu beackern! Er wird lächeln und nie mehr wieder kommen.

Auf der Insel Sansibar, wo seit 45 Jahren zahlreiche europäische Kaufleute sich befinden, wo die Europäer in die mannigfachste Berührung mit der eingeborenen Bevölkerung kommen, wo der Hauptsitz der kirchlichen Missionen ist, können wir von einem Fortschritt der Eingeborenen in kultureller Beziehung durchaus nicht sprechen. Daß der Sultan manche europäischen Dinge recht angenehm findet, daß er sich einen französischen Koch hält, daß er nicht mehr mit den Fingern ißt — viele seiner Unterthanen verübeln ihm das sehr —, daß er sich einen Turm erbaut hat, auf dem elektrisches Licht glüht, nimmt sich, in angemessener Weise dargestellt in einem Aufsatze über die Fortschritte der Civilisation in Ostafrika, gewiß sehr hübsch aus, hat aber in Wirklichkeit nicht viel zu bedeuten. Das sind alles nur civilisatorische Spielereien. Die Neger haben sich in ihren Sitten und Gebräuchen nicht geändert, ihre Lebensweise ist dieselbe wie früher, der Ackerbau hat sich nicht gehoben, ist im Gegenteil zurückgegangen. Der freie Neger ist träge, er arbeitet nur vorübergehend, wenn der Hunger ihn dazu treibt, er fühlt nicht das Bedürfnis, sich zu verbessern, obwohl zahlreiche Beispiele, die ihm die strebsamen emporkommenden indischen Händler bieten, dazu anregen könnten. Einen auch nur einigermaßen wohlhabenden Neger giebt es nicht. Er lebt in seiner elenden Hütte und bei seiner elenden Nahrung wie früher, und wenn man auch bei ihm meist einen Teller oder eine Schüssel europäischen Porzellans findet, so braucht er sich deshalb doch nicht mehr anzustrengen. Wie billig die eingeführten Waren sind, geht unter anderem auch daraus hervor, daß der Neger jetzt Petroleum brennt, statt seines gewiß wohlfeilen Kokosnußöls. Für gewöhnlich läuft er in einem einfachen baumwollenen Hüfttuche umher; will er sich fein machen, dann zieht er ein langes weißes baumwollenes Hemde an, das höchstens 6 Mark kostet. Die Stoffe für die Bekleidung des Weibes repräsentieren einen Wert von ca. 15 Mark. Von Schmuck trägt der Mann gar nichts, höchstens einen wertlosen Fingerring, die Frau einige Perlen um den Hals, sowie kleine Ringe in den Ohren und zuweilen in der Nase. Ein Kochtopf aus Thon, als Lager ein auf Pfosten ruhender Holzrahmen zwischen dem ein Geflecht von Kokosstricken ausgespannt ist, einige von der Frau gefertigte Schlafmatten, ein paar Schüsseln von Holz und Porzellan, vielleicht ein kleiner Spiegel und eine kleine Kiste: das ist alles, was seinen Hausstand ausmacht und zwar selbst in Sansibar, dem Paris Ostafrikas, wo er täglich die schönsten und verlockendsten Dinge vor Augen hat. Nun sage man noch, daß der Neger sich neue Bedürfnisse angewöhne.

Die englische Sklavenbefreiung und die kirchlichen Missionen.

Auch die Mißerfolge der Missionen in Ostafrika zeigen auf das Deutlichste, daß durch den bloßen Verkehr mit den Eingeborenen, durch Predigen und Lehren nichts erreicht wird. Ich habe mich während meines siebenjährigen Aufenthaltes in Ostafrika vergeblich bemüht einen bekehrten Neger zu finden. Meines Wissens existierte in ganz Ostafrika eine zeitlang wenigstens ein solcher Mensch, nämlich der von Stanley bekehrte, vor kurzem gestorbene König

Mtesa von Uganda, der aber hernach Mohamedaner wurde und später wieder ein Heidenleben führte. Es wurde ferner in früheren Jahren ein sogenannter Bekehrter auf der englischen Missionsstation Rabai (bei Mombassa) gezeigt, ein Mann, der, von seinem Stamme ausgestoßen, bei der Mission Zuflucht gesucht hatte. Als ich diese von dem deutschen Missionar Krapf in den vierziger Jahren angelegte Station besuchte und die vielen niedlichen Häuschen sah, dachte ich, daß hier die Missionare jedenfalls sich eines Erfolges zu erfreuen hätten. Aber auf meine Frage, wie viel Wanika — so heißt der Volksstamm, unter dem sich die Station befindet — sich hier bei der Mission angesiedelt hätten, antwortete der schwarze in Bombay ausgebildete Reverend beschämt aber offen: „Nicht ein einziger, denn die Eingeborenen lieben den Palmwein zu sehr und den dürfen sie bei uns nicht trinken." Woher, so wird der Leser fragen, bekommen denn aber die zahlreichen Missionsstationen in Ostafrika ihre Missionskinder? Auf eine sehr einfache und bequeme Weise. Alle auf den ostafrikanischen Missionen befindlichen Schwarze sind den Arabern abgenommene Sklaven, die von der englischen Regierung den verschiedenen Missionsanstalten „geschenkt" werden. Die Sache verhält sich nämlich so. Bei Sansibar befindet sich eine englische Marinestation, der speziell die Ueberwachung des Sklavenhandels obliegt. Kleine Dampfbarkassen versehen die Polizeidienste zwischen der Insel Sansibar und den Küstenplätzen, durchsuchen jedes ihnen begegnende arabische Fahrzeug und nehmen es ohne weiteres fort, wenn Schwarze auf demselben gefunden werden, die nicht zur Mannschaft des Fahrzeuges gehören. Das letztere wird verbrannt, die Araber wandern in den Kerker und die „befreiten" Sklaven zum Teil in die Missionen — wobei auch die französische katholische Mission bedacht wird —, zum Teil in englische Dienste auf Kriegsschiffen, oder in die südafrikanischen Kolonien. Die in diesen Diensten thätigen englischen Offiziere und Mannschaften legen einen großen Eifer an den Tag, denn sie erhalten für ein jedes abgefangene arabische Sklavenfahrzeug eine Belohnung, die sich nach dem Tonnengehalt desselben und nach der Anzahl der erbeuteten Sklaven richtet, eine Belohnung, welche so beträchtlich ist, daß der Kommandierende der Station, der immer partizipiert, jährlich seine 8—12000 Mark Gratifikation dadurch erhält. Man erkennt daraus, daß, so wie die englische

Regierung im großen sich vorzüglich durch politische Interessen und Nützlichkeitsrücksichten in der Sklavenfrage leiten läßt, so auch im kleinen ihre ausführenden Organe erst durch klingende Münze angehalten werden müssen, ihre Pflicht als Soldaten im Dienste der Humanität zu erfüllen. Denn ohne Aussicht auf den Gewinn würde der Eifer dieser Leute bald erlahmen. Auch der Sultan von Sansibar geht meist nicht leer aus bei einem solchen Sklavenfang. Er erhält seinen Teil in Menschenware, denn seine Plantagen sind der Arbeiter sehr bedürftig. Das nennen die Engländer Sklavenbefreiung.

Sehr bezeichnend ist auch, daß die Erwachsenen unter den den Arabern abgenommenen Sklaven selbst von den Missionen zurückgewiesen werden, „weil mit diesen nichts mehr anzufangen sei.“ Die katholische Mission wenigstens acceptierte immer nur die Kinder. Es ist das gewiß zweckmäßig, läßt sich aber doch wohl nicht so ganz mit den christlichen Lehren in Einklang bringen. Die streng mohamedanisch gesinnten Somali sind in der Beziehung konsequenter. Wenn sie Kriegsgefangene gemacht haben, so unterwerfen sie dieselben sofort der Beschneidung und stempeln sie wenigstens der Form nach zu Mitgliedern des alleinseeligmachenden Mohamedanismus. Die englische Mission nimmt auch ältere Leute an; sie weiß noch etwas mit ihnen anzufangen, wenn sie auch nicht zur „Bekehrung“ taugen: man läßt sie die schweren Arbeiten verrichten. Vermietete doch der frühere englische Bischof von Sansibar solche Arbeitsleute sogar in der Stadt bei den Europäern, für, wenn ich mich recht entsinne, zwei Dollar monatlich, wovon ein Dollar dem Arbeiter verblieb und der andere der Mission zufiel.

Auch der Mohamedanismus hat in Ostafrika, wo er sich nicht durch Feuer und Schwert Anhänger verschaffte, nicht an Ausbreitung gewonnen, obwohl die mohamedanische Religion in mancher Beziehung bei den Negern leichter Eingang findet als die christliche. Es ist merkwürdig, wie wenig Mühe sich hier die Mohamedaner geben, Proselyten zu machen. Es kommt wohl hin und wieder vor, daß jemand, der seine Frömmigkeit in besonderer Weise bethätigen will, einen Neger der Küstenstämme zum Übertritt veranlaßt, indem er ihm Geschenke macht und ein Schlaraffenleben an der Küste ausmalt. Meistens kehren aber die so Bethörten, nachdem sie das Leben an der Küste kennen gelernt haben, namentlich wenn mit der Zeit die Spenden des Adoptivvaters, wie sich jene Bekehrer nennen, aufhören, wieder in ihre Wildnis zurück. Auch die zahlreichen im Kongo-Gebiet befindlichen Missionare haben in Bezug auf die Bekehrung der Eingeborenen kein Glück. Hier erfordert es aber schon etwas mehr Rührigkeit und anderer Mittel, um die nötigen Erfolge zu erzielen, als wie in Ostafrika, wo die englische Regierung die Fürsorge übernimmt. Im Westen besitzen die Eingeborenen selbst Sklaven, besonders die sogenannten Könige; auch ist es nicht selten, daß der Vater sein Kind, der Häuptling seine unmündigen Unterthanen fortgiebt, ver—schenkt, oder, drücken wir uns humaner aus, den Europäern zur Erziehung übergiebt. Man muß sich in Afrika den Anschauungen der Neger anzupassen verstehen. Während man bei uns, wenn man sein Kind anständig erziehen lassen will, schweres Geld bezahlen muß, empfängt man dort noch Geschenke obendrein. Freilich haben in Afrika die Erzieher später das Recht, die Arbeitskraft der Zöglinge zu benutzen. Aus solchen „Adoptivkindern“ bestehen im Westen vorzugsweise die Insassen einer Missionsstation.

Deutsche Missionsstationen habe ich bisher noch nicht kennen gelernt; sie sollen im Hereró- und Damara-Lande viel Gutes gestiftet haben. Wie es mit den deutschen Negerchristen bestellt ist, mögen die folgenden Sätze aus einem Berichte über Lüderitzland in der deutschen Kolonialzeitung 1885, Heft 5, S. 131 zeigen: „Ihrer Religion nach sind sie (die Eingeborenen) teils Heiden, teils Christen; letztere sind wohl die zahlreicheren und vornehmeren, namentlich aber bekennen sich alle Häuptlinge zur christlichen Religion. Man würde aber fehl gehen in der Annahme, letztere habe besonders veredelnd auf ihren Charakter gewirkt; aus Überzeugung sind wohl nur die wenigsten Christen und ich glaube kaum, daß einer von ihnen, mit Ausnahme vielleicht des Schullehrers und Kanzlers Christian Goliath, zum Märtyrer seines Glaubens werden würde.“ Aber, so höre ich sagen, wenn auch die Missionen in Bezug auf die Religion nichts ausrichten, so sind die Missionare doch immer die Träger der Kultur und Verbreiter der Civilisation. Sehen wir einmal zu, wie es damit in Ostafrika steht. Zugegeben, daß die dortigen Missionare Träger der Kultur sind, so verbreiten sie die Kultur und Civilisation nur innerhalb des eng begrenzten und scharf abgesonderten Fleckchens der Missionsanstalt. Ich will hierbei nicht von der Insel Sansibar sprechen, obwohl hier der Hauptsitz der Mission ist, wo sich eine stolze protestantische und eine bescheidene katholische Kirche befinden. Hier, so könnte man sagen, sei der mohamedanische Einfluß zu groß, um überhaupt etwas erwarten zu können. Aber auch unter den unabhängigen Stämmen der Ostküste haben die Missionare innerhalb eines Zeitraumes von 40 Jahren nicht den geringsten Einfluß auf die Eingeborenen auszuüben vermocht. Dieselben leben in ihrer alten Weise fort, sie leisten der Mission keine Dienste, sie geben ihre Kinder nicht der Mission zur Erziehung, sie haben keine Fortschritte hinsichtlich der Bebauung des Landes gemacht, sie sind faul, träge und indifferent geblieben. Nach irgend einer Richtung hin müßte sich doch der civilisierende Einfluß, den die Träger der Kultur ausgeübt haben sollen, äußern, aber ich habe nirgends eine Spur davon gefunden. Kann man von einer Verbreitung von Kultur und Civilisation sprechen, wenn einige Missionare mit enormen Ausgaben einige niedliche Steinhäuschen für sich und einige elende Lehm- oder Eisenblechhütten für die Zöglinge erbauen, einige Kokosnußbäume anpflanzen und kleine Strecken Land beackern lassen, deren Erträgnisse nicht einmal ausreichen, die Leute zu ernähren? Als der deutsche Reisende Hildebrandt mit seiner Karawane aus dem Inneren zurückkehrte und bei der englischen Mission Rabai Halt machte, um seinen hungrigen Trägern Nahrung zu kaufen, war auf dieser großen „Kulturstation" nicht das geringste zu haben. Und was findet man denn auf den Pflanzungen einer solchen Niederlassung? Dasselbe, was der Neger baut, und weniger als die arabischen Plantagen aufweisen. Die französische katholische Mission läßt ihre Zöglinge wenigstens tüchtig arbeiten und unterrichtet sie in allen möglichen Handwerken, die englische scheint das Prinzip zu haben, sie zu Paradepuppen heranzuziehen. Aber selbst die oft genannte und als ein Muster hingestellte katholische Mission zu Bagamojo gegenüber Sansibar ist, trotzdem sie über 15 Jahre besteht, trotzdem sie sich im Gegensatz zu manchen englischen so sparsam wie möglich einrichtet, trotzdem sie die Arbeitskräfte von der englischen Regierung geschenkt erhält und trotzdem sie eine große Plantage mit Kokosnußbäumen und allen einheimischen Nährpflanzen besitzt, nicht imstande, sich selbst zu unterhalten und bedarf noch jährlich eines Zuschusses von tausenden von Mark aus der Heimat. Zumteil sind auch wohl die Bodenverhältnisse daran schuld, daß die Plantage wenig Ertrag abwirft. Der Kaffee, welcher dort gezogen wird, reicht nicht einmal für den Morgentrank der Herren Geistlichen. Das Getreide, welches geerntet wird, langt nicht einmal, um die Neger zu ernähren. Die katholische Mission hat gewiß manches Gute geschaffen, z. B. ein Hospital, eine Schmiedewerkstatt, es ist alles praktisch bei ihr eingerichtet, die Pflanzungen sind wohlgepflegt — kurz, es läßt sich nichts aussetzen, außer daß die Station ein Kloster ist und keine Kultur und Civilisation verbreitende Anstalt.

So idyllisch und harmlos ist die englische Mission nicht. Sie ist hoffärtig und kampflustig. Hat sie doch auch einen wesentlich politischen Zweck, indem sie der englischen Regierung Gelegenheit giebt, wann es ihr beliebt, im „Interesse der Humanität" sich in die Landesangelegenheiten einzumischen. Der Engländer Thomson, der Reisende der Geographical Society, giebt das auch zu, wenn er mit etwas gewundenem Stil schreibt: .... «if not making many Converts, were at least keeping the country open.» Die englische Mission muß aber ferner in gewisser Beziehung geradezu kulturfeindlich und schädlich genannt werden. Nicht nur, daß sie den Arabern gegenüber Recht und Gerechtigkeit mit Füßen tritt, sondern sie giebt auch durch ihr Verhalten Veranlassung, daß der freie Neger die Missionen und die europäische Kultur verabscheut. Wenn ein Schwarzer von der Mission zu den Mohamedanern flieht — es ist sehr bezeichnend für die „Befreier" und Menschenbeglücker, daß so etwas vorkommt —, so verlangen die Missionare seine Auslieferung; im umgekehrten Falle verweigern sie eine solche, da ein jeder Mensch, der englischen Boden betreten, „frei" sei. Eigentümliche Begriffe von Freiheit! Ferner wollen die Engländer den Mohamedanern nicht gestatten, ihre Sklaven körperlich zu züchtigen, und es kommt zuweilen vor, daß sie hindernd dazwischen treten. Man mag über die körperliche Züchtigung eines Menschen verschiedener Ansicht sein, aber von einem englischen Missionare ist es reine Heuchelei, wenn er den Mohamedanern in der Beziehung Vorwürfe machen will, da er selbst an seinen Zöglingen, und zwar in recht roher Weise, die

Prügelstrafe vollzieht. Ich habe selbst einen solchen Akt mit angesehen auf der der „Church-Mission" gehörigen Station Kissaoni bei Mombassa. Zwei junge Leute der Station hatten einen unerlaubten Umgang mit einem Mädchen, der nicht ohne Folgen geblieben war. Man ließ die ganze Mission auf einem Platze sich versammeln, in dessen Mitte ein dicker Pfahl errichtet war, der, wie man ihm ansah, häufiger schon zu ähnlichen Zwecken Verwendung gefunden hatte. An diesen wurde zunächst der eine der beiden Uebelthäter in aufrechter Stellung mit Händen und Füßen festgebunden und dann von einem Neger mit einem dicken Stocke so lange geprügelt, bis er ohnmächtig zusammenbrach. Der Arzt der Station mußte zugegen sein, um den Augenblick anzugeben, wo ein ferneres Schlagen lebensgefährlich würde. Der eine der Verbrecher hielt 60, der andere 67 Stockschläge aus, bis der Zustand ein bedenklicher wurde. Die Zöglinge der Mission von den jüngsten bis zu den ältesten waren in einem Halbkreise um den Pfahl aufgestellt. Dicht neben demselben mußte das straffällige Mädchen der Exekution zusehen, dessen Züchtigung Umstände halber bis auf spätere Zeit verschoben wurde. Auf einer in der Nähe des Richtplatzes vorbeiführenden öffentlichen Straße sammelten sich viele Mohamedaner und deren Sklaven, die mit höhnischen Bemerkungen dem Schauspiele zusahen. „Uns verbieten jene Leute zu schlagen, sie selbst schlagen noch mehr," sagten die Araber, unter welchen ich stand; ein Neger äußerte: „Es ist noch besser, der Sklave eines Arabers als der eines Europäers zu sein; denn solcher Dinge wegen prügelt der Araber uns nicht." —

Ich selbst hatte in dem Augenblicke den unchristlichen Wunsch: „wenn doch alle die englischen Missionare, die ähnliche Verbrechen begangen, auch einmal so bestraft würden."

Kann man sich da wundern, wenn der freie Neger nicht viele Lust hat, sich „bekehren" und „civilisieren" zu lassen? Kann man sich wundern, wenn die Missionskinder von den Eingeborenen die „Sklaven der Europäer" genannt werden? Muß nicht der letzte Funke von Ehrgefühl, den der Neger etwa noch besitzt, auf diese Weise ausgelöscht werden? Wenn man den arabischen Sklaven Sansibars die freie Wahl ließe, ob sie in ihren alten Verhältnissen als Sklaven verbleiben oder als „freie Männer" auf einer Missionsstation leben wollten, so würden alle das erstere vorziehen. Ich hatte mir vorgestellt, die armen Sklaven der Araber müßten ihre „freien" Brüder auf den Missionen wegen ihrer besseren Lage beneiden; aber es ist gerade das Gegenteil der Fall: man verspottet die von den Missionaren abhängigen Neger. Der übliche Spottname ist makrobói (sing. mkrobói), der von dem englischen Krooboy herstammt. Als die ersten englischen Schiffe mit Kroo-Negern (aus der Gegend von Liberia) in Ostafrika erschienen, hörten die Sansibarneger, wie die Engländer die schwarzen Matrosen Krooboys nannten. Seitdem heißen alle von den Europäern abhängigen Schwarzen makrobói, welches Wort mit der Zeit einen verächtlichen Sinn erhalten hat. Daß sie Sklaven genannt werden, kann auch schon aus dem Grunde nicht wunder nehmen, weil die Suahelisprache kein Wort für Arbeiter oder Diener hat; alles, was arbeitet, ist Sklave, mtuma. So habe ich denn auch oft gehört, daß die Neger unsere arbeitenden Matrosen «watuma» nannten. Daß die Mohamedaner großen Haß gegen die englischen Missionare hegen, ist erklärlich und es ist zu verwundern, daß es niemals zu Thätlichkeiten kommt. Die Sansibar-Arabar sind in jeder Beziehung tolerant. Unter ihrer Herrschaft leben die verschiedensten Religionen und Konfessionen in der schönsten Eintracht bei einander. Die protestantischen und katholischen Kirchenglocken erschallen neben den mohamedanischen Rufen zu Allah; Buddhisten und Feueranbeter verrichten ungestört ihre religiösen Ceremonien, und der Heide vom afrikanischen Festlande, der Elfenbein zur Küste gebracht hat, wandelt unter diesen verschiedenen Gläubigen friedlich umher. Dieser Friede wird nur zuweilen durch die Anmaßungen der englischen Missionare gestört, die auch schon ihren Zöglingen religiösen Haß einzuprägen scheinen; denn es ist wiederholt vorgekommen, daß die katholischen Missionskinder von ihnen mit Steinen und Stöcken angefallen wurden. Was ich von dem gegenseitigen Verhältnisse der Missionare auf der Church-Mission und von der Feindschaft der letzteren mit der Baptist-Mission gesehen habe, so ist das keineswegs geeignet, um den Eingeborenen als ein gutes Vorbild zu dienen. Wenn der Reichstag die Mittel bewilligte, um die englischen Missionen im Kamerun-Gebiet aufzukaufen, so wird dies für das Land ein ganz bedeutender Gewinn sein.

Ich habe die verschiedensten Negerstämme kennen gelernt und monatelang unter denselben zugebracht; sie waren alle den Europäern freundlich gesinnt und wünschten, daß man sich bei ihnen niederlasse, aber von einem Anschluß an die Missionen wollten sie nichts wissen. Nicht aus dem Grunde, weil sie etwa mehr arbeiten müßten, sondern weil sie „wie Sklaven" seien und dann weil „uthia mingi kwao," d. h. weil man bei jenen so vielen Quälereien ausgesetzt sei: beten, lesen, schreiben, singen u. s. w. Das aber, was die Neger am meisten abschreckt und auch den auf der Mission lebenden männlichen und weiblichen Individuen am unerträglichsten ist, besteht darin, daß sie in dem Alter, wo sie die Natur darauf hinweist und unter Verhältnissen, wo weder soziale Hindernisse bestehen, noch die Ernährungsfrage in Betracht kommt, nicht heiraten können. Die Entscheidung darüber ist ganz von dem Ermessen der Missionare abhängig, welche als ein beliebtes Strafmittel für Erwachsene auch das Verbot zu heiraten eingeführt haben. Auch ist der Neger auf der Mission nicht immer in der Lage, sich ein Weib nach seiner Wahl nehmen zu können. Nichts ist mehr geeignet, die Immoralität zu fördern und den Charakter des Negers zu verderben, als die in dieser Hinsicht bestehenden Einschränkungen. Der auf der Mission erzogene Neger ist niemals frei. Selbst nachdem er erwachsen ist und geheiratet hat, kann er nicht seinem eigenen Erwerbe nachgehen. Er muß auch dann noch auf der Mission bleiben, mag er wollen oder nicht. Er ist seines freien Willens vollständig beraubt. Man sagt zwar, es stände ihm ja frei, fortzulaufen; aber man muß bedenken, daß die meisten Neger sich ihres Verhältnisses zur Mission nicht recht bewußt sind und fürchten, wenn sie sich derselben entziehen, wieder mit Gewalt zurückgeführt zu werden. Wie oben erwähnt, ist das bei der englischen Mission in der That der Fall. Mir hat es immer den Eindruck gemacht, als ob die englische Mission deshalb ihre Zöglinge so wenig arbeiten ließe, damit ihnen das Leben nicht zu unerträglich würde und sie in Versuchung kämen, fortzulaufen. Wenn man den Insassen der Missionen freie Wahl ließe, so würden die meisten dieselben sofort verlassen.

Selbst die von Kindheit an auf der Mission erzogenen Individuen müssen bis an ihr Lebensende unter strengster Aufsicht gehalten, sie müssen gleichsam zeitlebens wie Schuljungen behandelt werden, wenn das bischen Religion und Bildung, das man ihnen mühsam eingetrichtert, nicht sofort wieder verloren gehen soll. Sie selbständig werden zu lassen, ist unmöglich; sich selbst überlassen, fallen sie in ihr altes „Heideleben" zurück. Brenner, ein Begleiter Baron von der Decken's, der nach dessen Tode selbständige Reisen in Ostafrika gemacht hat, brachte einen Knaben von dem Nomadenstamme der Gala mit nach Europa und ließ ihn in Merseburg die Schule besuchen. Als Brenner nach Sansibar zurückkehrte, nahm er jenen als seinen Diener wieder mit und behielt ihn bis zu seinem nach einigen Jahren erfolgenden Tode bei sich. Diesen Schwarzen traf ich an der Küste bei Mombassa, wo er sich in der Umgebung einer englichen Missionsstation umhertrieb; er war wieder vollständig „Wilder"; man merkte ihm nicht im geringsten an, daß er jemals mit gesitteten Menschen in Berührung gekommen; er war im Gegenteil schlechter als früher, denn er hatte sich dem Trunke ergeben; von der deutschen Sprache wußte er noch zwei Worte: „Schule" und „Prügel". Man erkennt hieraus, daß der Neger die Bedürfnisse, welche er sich angewöhnt hat, sich auch wieder sehr rasch abzugewöhnen vermag und daß selbst, wenn er eine bessere Nahrung, bessere Kleidung und überhaupt bessere Lebensverhältnisse Jahre lang gewohnt gewesen ist, er dieselbe ohne weiteres mit schlechteren vertauscht, zumal wenn er sich gezwungen sieht, dieselben sich selbständig durch Anstrengung und Fleiß erarbeiten zu müssen. Zahlreiche Beispiele von Negern, die auf der Mission erzogen sind, beweisen das.

Zugleich erkennen wir aber auch aus den Resultaten, welche die Missionen erzielen, daß der von diesen eingeschlagene Weg und ihre Erziehungsmethode nicht viel verspricht. Man darf an diese Naturkinder nicht zu große Anforderungen stellen, ihnen die gewohnte Freiheit nicht zu sehr beschränken. Die Religion und Bildung, welche auf der Mission eingeimpft wird, ist doch nur sehr gering; die aus der Mission hervorgegangenen Kultur-Neger sind Treibhauspflanzen, die wohl in dem Schatten der Klostermauern gedeihen können, aber zu Grunde gehen, wenn sie in dem Sonnenschein der großen Welt fortexistieren sollen. Die Methode, welche die Missionare verfolgen, um die Neger der europäischen Kultur zu gewinnen, ist in der That die kostspieligste, langwierigste und erfolgloseste. Sie liefert auch, wenigstens was die englischen Missionen anbetrifft, sehr unbrauchbare Kulturprodukte. Zu angestrengten Arbeiten sind die englischen Neger nicht erzogen; sie sind weniger brauchbar wie der wilde Neger, haben sich aber eine Menge Eigenschaften angewöhnt, die sie vor jenem sehr unvorteilhaft auszeichnen. Vor allem ist ihnen jede Natürlichkeit abhanden gekommen; sie sind gekünstelt in allem, was sie thun und sprechen. Es ist gewiß sehr bezeichnend, daß die europäischen Häuser keinen christlichen Diener haben wollen; sie ziehen die mohamedanischen bei weitem vor, schon allein aus dem Grunde, weil sie keinen Alkohol anrühren. Nimmt man dem Neger noch sein natürliches Wesen, seinen naiven Sinn und seine kindliche Munterkeit, zwängt ihn ein in europäische Kleidung und Formen, so ist er eine wahre Karrikatur und einem dressierten Affen ähnlicher, denn einem Menschen.

Die Sklaverei.

Wir haben also gesehen, daß der heutzutage als inhuman verschrieene Zwang selbst von den Missionaren geübt wird, die christliche Liebe und Humanität doch gewiß für sich in Anspruch nehmen, wenn sie auch für die Bethätigung derselben nicht mehr Garantien bieten, wie jeder andere Mensch. Und es ist in der That schwer denkbar, daß die Negerrasse ohne einen gewissen Zwang zu einer höheren Kulturstufe geführt werde. Soviel ist aber sicher, daß wir die Arbeit des Negers, welche wir für die Kultivation seines Vaterlandes notwendig brauchen, nur durch einen Zwang erlangen können. Alle Erfolge, welche in kultureller Beziehung bis auf die jüngste Zeit in Afrika erzielt wurden, sind nur mit Hülfe von erzwungener Arbeit möglich gewesen. Dies gilt nicht nur für die mohamedanischen Kulturländer des Nordens und des Ostens, sondern auch für die christlich-portugiesischen in Ost- und Westafrika. Auch dort bestand in ihrer Blütezeit die ausgedehnteste Sklavenwirtschaft. Selbst in Südafrika haben sich die Holländer der erzwungenen Arbeit der Eingeborenen bedient, die sie in ein Verhältnis der Hörigkeit brachten. Was Sansibar betrifft, so ist die Kultur, welche die Maskataraber dorthin gebracht haben, auch nur dadurch möglich gewesen, daß man sich die Negerarbeit erzwang, und der größte Teil des Handels basiert noch heutigen Tages durchaus auf der früheren und noch bestehenden Sklaverei. Es ist zwar oft behauptet worden, daß die arabische Kultur überhaupt nicht den Namen verdiene, daß man den unter ihrem Einflusse stehenden Neger schwerer für die Civilisation gewinnen könne als den wilden Afrikaner. So allgemein kann man das nicht behaupten. Die freien mohamedanischen Neger Sansibars sind die besten Kräfte europäischer Expeditionen, und die Kongo-Gesellschaft sieht sich genötigt, um überhaupt Arbeitskräfte zu erhalten, die aus der vielgeschmähten arabischen Kultur hervorgegangenen Sansibarleute zu engagieren. Der Reisende, welcher nach mehrmonatlichem Aufenthalte im Inneren des Kontinents wieder zu den mohamedanischen Küstenbewohnern Ostafrikas zurückkehrt, empfindet so recht, was für ein Abstand doch zwischen der arabischen Kultur und denjenigen Zuständen ist, wie sie sich bei den Völkern des Binnenlandes finden. Im Osten sind die Araber die eigentlichen Pioniere gewesen, auf deren Wegen die Europäer weiter arbeiten. Auf den arabischen Routen sind auch die Missionare vorgedrungen; in den Gebieten des Ostens, wo die Araber keinen festen Fuß gefaßt haben, finden wir auch keine Missionsstationen.

Wir dürfen in der Beurteilung der Sklaverei nicht ungerecht sein. Auch der Araber ist nicht imstande, in Afrika die schwere Feldarbeit zu leisten, ebensowenig wie in Indien die hellfarbige Rasse zur Bodenbearbeitung fähig ist. Es blieb ihm, wenn er überhaupt einen Erfolg erzielen wollte, nichts übrig, als den Neger sich dienstbar zu machen. Aber er hätte das in einer mehr praktischen, ökonomischen und humanen Weise ausführen sollen, als wie er es gethan hat. Tausende und tausende sind dabei in der rohesten Weise geopfert worden und nur ein Bruchteil langte an seinem Bestimmungsort an. Seit dem Jahre 1873, wo der Sultan zur Anerkennung des Sklaventraktates gezwungen wurde, ist es nicht mehr erlaubt, Sklaven einzuführen, zu verhandeln, oder von einem Platze zum anderen zu bringen. Aber trotz der strengen Kontrolle, welche die Engländer ausüben, trotz der härtesten Strafen, welche dem Zuwiderhandelnden drohen, werden doch noch immer Sklaven eingeschmuggelt. In Fruchtsäcke verpackt, unter Holz versteckt u. s. w. werden sie von den arabischen Händlern den Augen der englischen

Seepolizei entzogen und heimlich nachts ans Land gebracht. Es ist ein öffentliches Geheimniß, daß der Kauf und Verkauf von Sklaven in der Stadt Sansibar noch fortbesteht; in gewissen Häusern werden sie täglich zu Markte gebracht. Die Freierklärung der vorhandenen Sklaven hat die englische Regierung nicht durchzusetzen vermocht und hat es vielleicht auch aus Nützlichkeitsrücksichten nicht gethan. Schon jetzt ist die wirtschaftliche Kalamität infolge des Mangels an Landarbeitern fühlbar genug, obwohl noch eine große Menge Sklaven vorhanden ist. Die Plantagen gehen zurück, die Suahelibauern des Küstengebietes haben zum Teil nicht einmal die nötigen Kräfte, den dringendsten Nahrungsbedarf anzupflanzen, geschweige denn Handel mit Bodenprodukten zu treiben. Es wird nicht einmal so viel Reis produziert, als für die Versorgung Sansibars nötig ist. Hauptsächlich leiden aber die Pflanzungen auf der Insel Sansibar, denn an der Küste ist die Erwerbung von Sklaven noch eher möglich. Die freien Neger, deren sich mit der Zeit durch Freilassungen besonders infolge der englischen Einmischung Tausende umhertreiben, haben keinen Geschmack an der Feldarbeit, zumal, da sie sich ihren Unterhalt auf andere leichtere Weise beschaffen können, wozu ihnen die Handelsstadt Sansibar die mannigfachste Gelegenheit bietet. Selbst für sehr hohen Lohn erhält man keinen freien Neger zur Feldarbeit. Ebensowenig behagen ihm die anderen schweren Arbeiten, wie Steinebrechen, Lehm- und Sandholen, Lastenschleppen 2c. Alle diese und viele andere Arbeiten werden bis auf den heutigen Tag ausschließlich von Sklaven besorgt. So geschieht das Sammeln der Orseille-Flechte, das Fischen der Kaurienmuscheln, das Kopalgraben ebenfalls nur durch Sklavenhände. Die Arbeiten in den europäischen Faktoreien werden fast ausschließlich durch Sklaven verrichtet. Kurz, der ganze Handel und Verkehr beruht noch heutigen Tages auf der Sklaverei. Vor einigen Jahren sahen sich die europäischen Kaufleute gezwungen, bei dem Sultan zu petitionieren, er möge die Einfuhr neuer Hamalis (Lastträger) veranlassen, da die vorhandenen nicht mehr genügten. Diese Hamalis bestehen aus besonders starken Leuten vom Niassa-See, welche nur zum Transportieren der schweren Ballen von und zu den Schiffen benutzt werden. Da die Arbeit sehr anstrengend, die Nahrung eine dürftige ist, so sind diese Leute nach wenigen Jahren verbraucht und es bedarf daher immer eines Ersatzes durch neue Kräfte. Der englische Generalkonsul opponierte dagegen und erteilte den unter seinem Schutze stehenden Europäern, die die Eingabe mit unterzeichnet hatten, eine energische Strafpredigt, weil sie zum Sklavenhandel angeregt hätten. In letzterer Beziehung hatte der englische Konsul gewiß recht. Aber dieses Verbot war immer nur eine halbe Maßregel, und was nach der einen Richtung hin human war, hatte nach der anderen Richtung hin sehr inhumane Folgen. Denn nun wurden die wenigen noch vorhandenen Arbeitskräfte in noch unmenschlicherer Weise ausgebeutet, als es bereits der Fall war. Das Lächerlichste aber ist, daß sich jeder Engländer und selbst die englische Regierung dieser Lastträger bedient, wie denn überhaupt fast alle Arbeiter in den europäischen Häusern mohamedanische Sklaven sind. Wollte man daher eine indirekte Unterstützung der Sklaverei nicht dulden, so müßte man vor allen Dingen den Mohamedanern nicht die Möglichkeit bieten, ihre Sklaven in so gewinnbringender Weise zu verwerten, wie ihnen das durch die Arbeit in den Handelshäusern möglich wird. Die Sklaven, welche in fester Stellung vermietet sind, müssen die Hälfte oder zwei Drittel ihres monatlichen Lohnes abliefern; die Tagelöhner müssen täglich ihrem Herrn 35 Pfennige bringen. Bereits vom siebenten Jahre an werden die Sklavenkinder (Knaben wie Mädchen) beschäftigt. Ein Sklave, der 100—120 Mark gekostet hat, wirft seinem Besitzer einen jährlichen Reingewinn von mindestens 100 Mark ab, eine Kapitalanlage, wie sie günstiger nicht gedacht werden kann. Mit Recht sprechen die Araber zu den Europäern: Ihr benutzt unsere Sklaven für eure Arbeiten, ihr kauft unsere Gewürznelken, die wir nur mit Hülfe unserer Sklaven ziehen können, ihr kauft das Elfenbein, das wir durch unsere Sklaven herbeischleppen, ihr werdet reich durch unsere Sklaven — und doch behauptet ihr, das Sklavenhalten sei ein Unrecht?

Es ist vergebliche Mühe, einem Mohamedaner begreiflich machen zu wollen, daß der Handel mit Menschen unrecht sei. Für ihn ist überhaupt nur der „Gläubige" ein Mensch, und er würde, wenn es in seiner Macht stände, alle Ungläubigen als seine Sklaven behandeln. Die Sklavenfrage ist aber für den Araber und mohamedanischen Küstenbewohner Ostafrikas eine Existenzfrage. Er lebt von dem Ertrage des Bodens und er handelt mit den Produkten seiner Plantagen. Werden ihm die Arbeitskräfte entzogen, so wird er seiner Existenzmittel beraubt. Einstweilen hat er noch in dem Elfenbeinhandel einen Ersatz, aber wenn ihm auch dieser von den Europäern entrissen wird, so geht er seinem Untergange entgegen.

Die Verhinderung der Sklaveneinfuhr hat in gewisser Beziehung sehr inhumane Folgen. Unter normalen Verhältnissen hatte es der arabische Sklave nicht schlecht, wenn auch jedenfalls eine unrechtmäßige Ausnutzung der Arbeitskräfte stattfand. Die Art und Weise, wie die Neger zu Sklaven gemacht und wie auf dem Transporte zu ihren Bestimmungsorten mit dem kostbaren Menschenmaterial umgegangen wurde, war eine verwerfliche. War der Sklave aber in den definitiven Besitz eines Mohamedaners übergegangen und hatte sich in die neuen Verhältnisse eingelebt, so behagten ihm diese oft besser, wie das frühere Leben. Ja, viele der Haussklaven wollen überhaupt gar nicht frei sein. Es ist mir mehrfach vorgekommen, daß ein Sklave, den ein Europäer loskaufen wollte, bat, ihn im alten Verhältnisse zu belassen. Die Sclaven, die nur einen einigermaßen wohlwollenden Herrn besitzen, können kein sorgloseres Leben führen als wie in solcher Stellung. Sie werden von ihrem Herrn ernährt und gekleidet, auch wenn keine Arbeit vorhanden ist; sie werden gepflegt, wenn sie krank sind; die Landsklaven haben zwei Tage in der Woche frei, um für sich zu arbeiten oder zu ruhen, alt und schwach geworden leben sie auf Kosten ihres Besitzers bis an ihr Ende. Thut der Sklave nur seine Arbeit und ist er treu und zuverlässig, so kann er im übrigen thun und lassen, was er will. Er kann ein Weib nehmen, wann und wie es ihm paßt, er hat seinen eigenen Haushalt und seine kleine Pflanzung; kurz, er ist glücklich, glücklicher und zufriedener als die auf einer Mission eingesperrten „freien Menschen“. In Religionssachen verlangt der Mohamedaner nicht viel von seinem Sklaven; er darf natürlich kein Schweinefleisch essen und keine unreinen Tiere berühren, er muß den Fastenmonat mitmachen und als „gebildeter“ Mensch sich auch einige Redensarten angewöhnen, wie „so Gott will“, wenn man etwas auf ungewisse Zeit verschieben oder unbestimmt lassen will, „im Namen Gottes“, wenn man zu essen beginnt und „gelobt sei Gott“ nach der Sättigung. — Aber das genügt vollkommen, um sich mit Stolz „Islam“ zu nennen. Man stellt sich gewöhnlich alle Sklavenbesitzer als grausame Menschen vor. Man muß aber zwischen Sklavenbesitzern und Sklavenhändlern wohl unterscheiden. Letztere sind durch ihr rohes und blutiges Handwerk vollkommen abgestumpft; unter den ersteren giebt es ebensoviel humane und inhumane Leute wie bei uns. Hat doch der Besitzer von Sklaven nicht weniger Interesse daran, seine Arbeiter bei vollen Kräften und bei guter Gesundheit und Zufriedenheit zu erhalten, wie unser Bauer sein Pferd. So wie dieses vernachlässigt wird und Hunger leiden muß, wenn der Bauer in seinem Wohlstande zurückgeht, so geht es auch heute mit den Sklaven der ostafrikanischen Mohamedaner. Seitdem keine Zufuhr neuer Sklaven mehr stattfindet, hat sich die Lage der vorhandenen bedeutend verschlechtert. Es gilt dies besonders von den Landsklaven. Sie werden jetzt vielfach in der grausamsten Weise überanstrengt und ausgenutzt. Der Besitzer einer Plantage will dieselbe mit der geringen Zahl von Sklaven so viel wie möglich in demselben Zustande erhalten wie zu der Zeit, wo die Arbeitskräfte in Überschuß vorhanden waren. Der Sultan von Sansibar hatte vor dem Jahre 1870 50,000 Sklaven, jetzt hat er nur noch 10,000*; also innerhalb 15 Jahren ist die Zahl auf ein Fünftel gesunken. Das beweist wohl zur Genüge, was diese armen Leute für ein Leben führen, das kennzeichnet auch hinreichend die Gesinnungen eines Mannes, der, wie wir sehen werden, eine jährliche Einnahme von 5 Millionen Mark hat und von dem die Engländer sagen, daß sie ihn den humanen Anschauungen gewonnen hätten. „Sie erhalten zu wenig Nahrung und haben zuviel Arbeit, deshalb sterben sie hin und vermehren sich nicht.“ Das sind die eigenen Worte eines sultanlichen Plantagenverwalters. Man muß sie gesehen haben, diese elenden halbverhungerten Gestalten, mit einem schmutzigen Baumwollenfetzen um die Hüften, um zu begreifen, auf wie barbarische Art allmählich die Sklaverei beseitigt wird. Die Mohamedaner fürchten alle, daß über kurz oder lang die Sklaven freigegeben werden, deshalb kann es ihnen gleichgültig sein, ob sie aussterben oder nicht. Aus dem Grunde ist es auch inhuman, die Freiheit der Sklaven nach einer gewissen Reihe von

* Nach Angaben der arabischen Plantagenverwalter.

Jahren zu fordern, wie solches von den Engländern mit den Bewohnern der Komoren-Inseln vereinbart worden sein soll. Diese Forderung hat nur dann Sinn, wenn man die Verhältnisse überwachen kann und Garantieen hat, daß die Sklaven während dieser Zeit nicht auf Leben und Tod ausgenutzt werden. Will man einmal in die Angelegenheiten eines fremden Volkes sich einmischen und in seine wirtschaftlichen Verhältnisse so tief eingreifen, so sollte man vor allem keine halben Maßregeln treffen und dafür sorgen, daß nicht einerseits ein wirtschaftlicher Ruin entsteht und andererseits Zustände sich entwickeln, die nicht weniger grausam sind als die, welche man abzuschaffen bemüht ist.

Da unter den jetzigen Verhältnissen weder auf dem Lande, noch in der Stadt eine Fortpflanzung der Sklaven in nennenswerter Weise stattfindet, so würde die in Brasilien getroffene Bestimmung, daß von einem gewissen Termin an alle von Sklaven geborene Kinder frei sein sollen, im Sansibargebiet gar keine Bedeutung haben. Man hätte vor allem darauf hinwirken müssen, den Sklaven ein menschenwürdiges Dasein zu sichern und die geringe Anzahl von Landarbeitern, die überhaupt vorhanden, vor dem Aussterben zu bewahren. Dazu genügte die Verordnung, daß der Sklave nur acht Stunden täglich arbeiten, für jede Stunde 1 Pfennig Lohn erhalten solle und die bereits ihm gegenüber anerkannten Verpflichtungen auch weiterhin streng durchzuführen seien. So gut, wie man darüber wacht, daß keine Sklaven mehr verkauft, eingeführt, mißhandelt werden, ebensogut kann man auch hier eine Kontrolle ausüben. Für den Sklavenbesitzer hätte der Monatslohn nicht 2 Mark pro Kopf ausgemacht, wenn man die Tage abrechnet, an denen nicht gearbeitet wird: den Donnerstag, der den Sklaven gehört, und den Freitag, den arabischen Sonntag. Dem Sklaven aber wäre bei einem täglichen Verdienst von 8 Pfennigen die Möglichkeit gegeben, sich außer dem Maß Getreide von etwa 1 ½ ℔, das sein Herr ihm zu geben verpflichtet ist, noch Fische oder etwas Fleisch zu kaufen.

Bei einem Tagelohn von 50 Pfennigen und einer Arbeitszeit von acht Stunden kann sowohl der ostafrikanische Pflanzer, als auch der freie Arbeiter bestehen, der bei einem Lohne von 15 Mark monatlich für sich selbst zu sorgen hat.

Man muß bedenken, daß ein erwachsener Neger sich für 20 Pfennige täglich gut zu ernähren vermag. Außerdem ist überall unkultiviertes Land vorhanden, von welchem der Arbeiter für sich selbst ein Stückchen bebauen kann. Dagegen soll sich nach der Angabe der Suahelibauern bei einem Lohne von 20 Mark monatlich der Anbau mancher Produkte nicht mehr rentieren, wie z. B. Negerkorn (Durrha), Maniok, Mais, Zuckerrohr. Abgesehen davon, würde es auch schwer halten, selbst für einen noch höheren Lohn Landarbeiter zu erhalten. Denn obwohl viele freie Neger — Freigelassene und deren Nachkommen — auf Sansibar und an der Küste existieren, so würde es doch niemandem einfallen, sich als Landarbeiter zu vermieten; das wäre das letzte, wozu der freie mohamedanische Neger sich entschlösse. In der Not müßte er sich zwar auch hierzu verstehen, aber diese Not kann so leicht nicht eintreten. Die Sansibarneger, welche sich auf drei Jahre an die Kongogesellschaft verdungen haben, verrichten freilich auch Landarbeit, aber sie befinden sich in der Fremde, wo sie aushalten und thun müssen, wie ihnen befohlen wird. Treibt ihn auf Sansibar der Hunger, so vermietet er sich an die einheimischen Karawanen oder die Expeditionen der Europäer. Da bekommt er sofort 2 oder 3 Monate Lohn in Vorschuß (30—50 Mark), während der Reise lebt er auf Kosten des Unternehmers, und wenn auch die Anstrengungen und Entbehrungen zuweilen sehr große sind, so vertröstet er sich auf das herrliche Leben nach der Rückkehr, welches ihn der oft 100 bis 200 Mark betragende rückständige Lohn eine Zeitlang zu führen gestattet. Die zurückbleibende Frau erhält von dem Lohne eine Kleinigkeit, ernährt sich aber wesentlich selbst durch Anfertigung von Strohmatten, die anstatt der Teppiche und zur Bereitung des Lagers Verwendung finden. In der Stadt sind freie Neger wohl auch in den Faktoreien der Europäer beschäftigt, wo sie täglich 50 bis 80 Pfennige verdienen können, doch behagt ihnen diese Arbeit weniger. Im allgemeinen ziehen sie leichte Arbeit und geringen Lohn der schweren Arbeit und hohem Lohne vor.

Der Sultan von Sansibar.

Es kann nicht Wunder nehmen, daß sich der Sultan von Sansibar solange wie möglich gestreubt hat, den Sklavenhandel aufzuheben und daß er durch die Kanonen der Engländer dazu gezwungen werden mußte. Noch heutigen Tages sind es nur die englischen Kanonen, welche ihn den Sklaventraktat halten lehren. Wenn ihn die englischen Zeitungen als einen Mann darstellen, der ein begeisteter Anhänger der humanen Ideen, ein Förderer der Civilisation und geographischen Wissenschaft geworden sei, so sind das weiter nichts wie konventionelle Lügen. Der Sultan ist im Vergleich zu den übrigen Arabern gewiß ein einsichtiger Mann, besitzt gesunden Menschenverstand und hat sich mit großem Geschick in das Unvermeidliche gefunden, aber deshalb ist er doch noch durch und durch Araber und Mohamedaner und in den Anschauungen befangen, die er geerbt und mit der Muttermilch eingesogen hat; ebensowenig wie zur christlichen Religion hat er sich auch zu den christlichen und humanen Anschauungen bekehrt, wie wir bereits gesehen haben. Was seine geographischen Kenntnisse anbetrifft, so dürften sie wohl kaum die eines Sextaners übertreffen, wie nach der arabischen Erziehung, welche nur darauf Bedacht nimmt, Gebetformeln einzutrichtern, auch nicht anders denkbar ist. Die geographischen Forschungen in seinem Lande sind ihm ein Ärgerniß; aber er muß gute Miene zum bösen Spiel machen und sieht sich zur Ausstellung eines Empfehlungsbriefes an die wissenschaftlichen Reisenden gezwungen. Die Gouverneure an der Küste wissen ja doch, was sie zu thun haben. Sie kommen dem Europäer mit den ausgesuchtesten Höflichkeiten und Gastgeschenken entgegen, hinter seinem Rücken aber bieten sie alles auf, um seine Pläne zu durchkreuzen. Und sie haben darin vollkommen recht. Oder sollen sie müssig zusehen, wie der Europäer ihre Autorität bei den Eingeborenen untergräbt, wie er die Preise verdirbt und sie verhindert sich die notwendigen Arbeitskräfte zu verschaffen?

Wir können uns daher auch nicht wundern, daß der Sultan von Sansibar neuerdings der Kongo-Gesellschafft verweigert hat, in seinem Gebiete Arbeiter anzuwerben. Er ist für seine Stationen am Tanganika-See besorgt, wo die Araber die besten Elfenbeingeschäfte machen. Allerdings ist der Handel in diesen Gebieten frei und kann also auch von den Arabern dort betrieben werden, vorausgesetzt, daß sie sich des Raubhandels und Sklavenhandels enthalten. Aber es unterliegt keinem Zweifel, daß dem Kongo-Staat die arabische Konkurrenz in Nyangwe, dem Hauptelfenbeinplatze am oberen Kongo, nicht angenehm sein kann und daß er wünschen muß, die Araber aus jenem Gebiete sobald wie möglich loszuwerden. Das wissen die Araber wohl. Der bekannte Elfenbeinhändler Tibu Tip, der Hunderte eigener, wohlbewaffneter Sklaven besitzt, ist im vorigen Jahre mit der ausgesprochenen Absicht von Sansibar aufgebrochen, den Europäern am Kongo „Konkurrenz" zu machen. Er hat eine Karawane von mindestens 2000 Mann und ist auf vier Jahre mit allem Notwendigen versehen. Möglich, daß es bei Nyangwe einmal zu blutigen Auseinandersetzungen zwischen Europäern und Arabern kommt.

Der Sultan persönlich hat, was seinen Geldbeutel anbetrifft, wenig unter den veränderten Verhältnissen zu leiden. Wenn ihm auch der Sklavenhandel nichts mehr einbringt — jeder Sklave that 2 Dollar Zoll — so hat er doch durch andere Zölle und Plantagenwirtschaft eine jährliche Einnahme von 5 Millionen Mark. Von allen fremdländischen Waren ist er nach den mit den verschiedenen Mächten geschlossenen Handelsverträgen einen Zoll von 5 Prozent in Natura zu erheben berechtigt. Seine Unterthanen kann er natürlich besteuern, wie es ihm beliebt, und er ist darin nicht zurückhaltend. Während im allgemeinen die Landesprodukte ebenfalls 5 Prozent Zoll thun, hat er auf Elfenbein und Kopal besonders hohe Zölle gelegt; das erstere ist mit der enormen Steuer von 1,30 Mark, das letztere mit 10 Pfennigen pro Pfund belastet. Auch von den Gewürznelken erhebt er noch einen Extrazoll. Den Pulververkauf nimmt er, wie schon oben bemerkt, für sich allein in Anspruch, entgegen den Bestimmungen der Verträge, was jedoch in gewisser Beziehung vieles für sich hat. Die Zölle bringen ihm ungefähr 3 Millionen Mark ein, das übrige zieht er aus seinen Gewürznelken-, Kokosnuß- und Zuckerpflanzungen. Er ist Geschäftsmann und der einzige Araber, der gute Geschäfte macht, wenn er auch bei rationellerer Geschäftsführung noch viel besseren Gewinn erzielen würde. Denn seine Handelsflotte kostet ihm wohl mehr, als sie ihm einbringt. Er liebt es, immer eine Anzahl seiner eigenen Schiffe im Hafen liegen zu sehen; deshalb läßt er sich jetzt noch zwei weitere bauen, so daß sich dann seine Dampfer auf sieben belaufen. Außerdem besitzt er noch eine kleine Kriegsflotte von fünf Schiffen, die aber sehr vernachlässigt wird. Auf seinen Kauffarteischiffen befinden sich deutsche Kapitäne, Steuerleute und Ingenieure, auf einer deutschen Werft werden die neu bestellten Dampfer gebaut, die Säulen seines neuen Palastes bestehen aus deutschem Eisen, ein deutsches Karussel hat er sich für seinen Harem kommen lassen. Man sieht, daß eine Sympathie fürs Deutsche besteht, oder sagen wir vorsichtiger bestand. Denn ob dieselbe, zumal unter den jetzigen Umständen, von Dauer sein wird, ist unberechenbar. Nach den bisherigen Erfahrungen von arabisch-sultanlicher Gunst und Beständigkeit ist das nicht zu erwarten. Sind doch auch schon in früheren Zeiten solche „deutsche Perioden" dagewesen.

Der Sultan ist bei seinen Unterthanen nicht beliebt. Die mohamedanischen Küstenbewohner können es nicht einsehen, weshalb ihr Sultan den Engländern in allen Dingen nachgegeben hat. Wenn man erst längere Zeit unter ihnen gelebt und sich mit ihnen befreundet hat, dann erfährt man allmählich, wie verhaßt sich der Sultan durch sein Nachgeben in der Sklavenfrage gemacht hat. Die guten Leute bedenken nicht, daß er der Gewalt hat weichen müssen und daß jeder andere Sultan ebenso zu handeln gezwungen ist. Auf die Engländer ist man natürlich erst recht erbittert und man begegnet diesen besonders in den nördlichen Teilen der Sansibarküste mit großer Zurückhaltung und mit Argwohn. Die Eingeborenen erkundigen sich bei der Landung eines Europäers zuerst danach, ob er ein Engländer ist, und wenn dies nicht der Fall, so findet er gewiß freundliche Aufnahme. In naiver Weise wurde ich oft gefragt, warum die Königin von England nicht dulden wolle, daß sie Sklaven hielten? Man führte mich dann vor die Ortschaft und wies auf große Strecken Landes hin, die früher wohlgepflegte Felder waren und nur aus Mangel an Arbeitern wieder zur Wildniß werden. Uebrigens sind die Unterthanen ängstlicher Natur und in ihren Aeußerungen über den Sultan sehr vorsichtig, weil man mit Recht fürchtet, sich die größten Unannehmlichkeiten zuzuziehen. Denn der Sultan ist unumschränkter Herr über Leben und

Tod. Wer nur kurze Zeit in den Gefängniß genannten Höhlen zubringen muß, läuft Gefahr von bösartigen Fiebern dahingerafft zu werden. Nicht selten verlangt der Sultan Extraabgaben in Getreide, und von den Willkürlichkeiten der Gouverneure haben die Pflanzer auch nicht wenig zu leiden. Die Araber Sansibars hat der Sultan besonders durch den hohen Zoll auf Gewürznelken erbittert. Man sagt ihm nach, er sei sehr habsüchtig, er könne nicht leiden, wenn ein anderer eine gute Pflanzung angelegt oder ein schönes Haus errichtet habe. Alles suche er in seine Hände zu bringen und einem ausgesprochenen Wunsche von ihm müsse man immer willfahren.

Die Hauptunkosten, welche die Verwaltung seines Reiches ihm auferlegt, bestehen in der Unterhaltung der bewaffneten Macht. Die Gouverneure der Hauptküstenplätze erhalten jährlich eine bestimmte Summe, für die sie eine gewisse Anzahl Soldaten anwerben müssen. Diese rekrutieren sich alle aus dem südlichen Arabien und bilden eine irreguläre, meist mit langen Luntengewehren bewaffnete, wilde aber tapfere Bande. Im Volksmunde werden sie der eigentümlichen Sprünge wegen, die sie bei ihren Kampfspielen machen, „Wiroboto“, d. h. Flöhe, genannt. Außer diesen unterhält der Sultan seit fünf Jahren noch eine sogenannte Garde, die auf nachstehende einfache und praktische Weise geschaffen wurde. Infolge der englischen Intervention hat sich mit der Zeit auf Sansibar eine Bande von Bummlern gebildet, die sich mit Vorliebe am Hafen umhertreiben, um sich den Fremden als Wegweiser aufzudrängen oder kleine Dienste für die im Hafen liegenden Schiffe zu besorgen. Wie es diesen Leuten möglich wird ihr Leben zu fristen, ist oft ein Rätsel. Wenn ein solcher freilich einmal einen Tag auf einem Schiffe arbeitet, so kann er sich soviel verdienen, um eine ganze Woche in süßem Nichtsthun hinzubringen. Diese Bummler machten sich schließlich in einer Weise bemerkbar, daß sie wohl auch den englischen Behörden ein Ärgerniß waren. Denn es wurde dem Sultan der Rat erteilt, sich eine Garde zu bilden und alle freien Neger, die keine Beschäftigung nachweisen könnten, zu Gardisten zu pressen. Das ließ sich der Sultan nicht zweimal sagen. So finden wir denn jetzt eine aus fast durchweg gepreßten Soldaten bestehende, von einem englischen Marineoffizier befehligte Garde von 1500 Mann, die aber mehr als Spielerei, denn als kriegstüchtige Truppe gelten kann, was unter anderem daraus hervorgehen mag, daß man für exerzieren keinen anderen Ausdruck hat als «ku tschaesa», d. h. spielen. Trotz des hohen Lohnes von 15—20 Mark monatlich bei freier Kleidung, ist allen Negern dies Soldatenleben von Herzen verhaßt; es wird als sehr hart und anstrengend bezeichnet, obwohl die Anforderungen, welche gestellt werden, nur gering sind. Die gute Bezahlung hat manche Araber veranlaßt, ihre Sklaven in der Garde „arbeiten" zu lassen, welche ihnen auf diese Weise einen sicheren Gewinn von 7—10 Mark monatlich abwerfen. Auch die sogenannten Offiziere sind zumteil gepreßt; sie bestehen meist aus den intelligenteren mohamedanischen Komoro-Negern, in denen arabisches Blut fließt. Die Neger hatten eine solche Scheu vor dem Soldatenstande, daß sie in den europäischen Häusern zu Spottpreisen ihre Dienste anboten, weil sie in solcher Stellung nicht aufgegriffen werden konnten. Man sieht, daß selbst unter den Auspizien der englischen Regierung dem freien schwarzen Menschen ein nicht geringer Zwang angethan wird. Wenn aber hier, wo es sich um die Durchführung einer weniger wichtigen Sache handelt, die Ausübung eines Zwanges statthaft ist, warum soll nicht auch da ein kleiner Zwang stattfinden, wo man der Kultur dienliche Zwecke verfolgt?

Der Sultan von Sansibar kann das Küstengebiet von Cap Delgado bis zum Wubischi-Flusse, ungefähr 1° südlich vom Aequator, sein nennen. Auf dieser Strecke kann er, mit Ausnahme eines gleich zu erwähnenden Gebietes, thun und lassen was er will. Weiter nördlich an der Somaliküste liegen nur einige Ortschaften, in denen er ein Fort mit Gouverneur und Soldaten besitzt. Diese sind: Kismaju, wo sich der einzige Hafen des Somalilandes befindet, Barawa, Makdischu, Marka, Dschech und Amruti. Die frühere Ortschaft an der Mündung des Juba-Flusses ist verfallen; es befinden sich jetzt nur wenige Fischerhütten dort. In den gegenannten Plätzen ist seine Herrschaft von den eingeborenen Somali insofern anerkannt, als sie ihm gestatten, einen Zoll zu erheben und die Ordnung in diesen Handelsplätzen aufrecht zu erhalten. Außerhalb der Stadtmauern vermag der Sultan nicht, seine Autorität geltend zu machen.

In jenem erstgenannten Gebiete bis zum Wubuschi besitzt der

Sultan ca. 20 größere Ortschaften mit Gouverneuren und Soldaten und eine Menge kleinerer mit Dorfschulzen. Nur in dem an der Formosabai gelegenen Distrikte befindet sich von 2' ⁰ 40' bis 3 ⁰ s. Br. keine Niederlassung. Diese Strecke kann er insofern nicht sein nennen, als die Eingeborenen, die nomadisierenden Gala, hier vollkommen Herren sind. Sie haben in den sechziger Jahren eine mohamedanische Ortschaft am Ras Gomäni, in dessen Nähe sich ein guter Ankerplatz befindet, zerstört und erhalten jährlich einen Tribut vom Sultan, damit sie seine Unterthanen, die dort reisen oder Geschäfte halber sich aufhalten, in Frieden lassen. In den Monaten Oktober bis Januar finden sich nämlich in einem Marräräni, (d. h. am Orseilleplatze) genannten Terrain (unter 2' ⁰ 49' s. Br.) Araber und Suaheli mit ihren Sklaven ein, um die hier zahlreich wachsende Orseilleflechte zu sammeln. Während dieser Zeit befindet sich auch ein vom Gouverneur in Mambrui abhängiger Vizegouverneur hier. Vielleicht könnte man mit Recht sagen, daß der Sultan nur das Gebiet sein nennen darf, wo er Schutz zu gewähren vermag. Hier ist das nicht der Fall.

Wie weit sich das sultanliche Gebiet ins Innere hinein erstreckt, ist schwer zu entscheiden; soweit die Plantagen der Suaheli reichen jedenfalls, aber diese liegen kaum drei deutsche Meilen weit von der Küste entfernt. Unter Suaheli versteht man im allgemeinen die seit altersher angesessenen mohamedanischen Küstenbewohner, die dem Bantustamme angehören, aber mehr oder weniger mit arabischem Blute gemischt sind. Ihre Gesichtsbildung zeigt ebenso große Verschiedenheiten wie ihre Hautfarbe: man begegnet Leuten, die die charakteristische Negerphysiognomie haben und anderen, die den scharf geschnittenen feinen orientalischen Typus zeigen, man sieht die hellgelbe den vornehmen Arabern eigentümliche Hautfarbe neben der tiefschwarzen des Negers. Die helle Hautfarbe ist aber nicht immer mit der edleren Gesichtsform korrespondierend. Von den Eingeborenen selbst wird jedoch nur den von den kleinen Inseln Lamu, Siu und Pata und dem gegenüberliegenden Festlande stammenden Bewohnern der Name Suaheli beigelegt, die sowohl durch die Gesichtsbildung, als auch besonders durch ihren eigentümlichen Dialekt leicht kenntlich sind. Die übrigen Küstenbewohner werden nach ihrem Wohnorte, z. B. Leute von Mombassa, von Kiloa, von Sansibar ꝛc. bezeichnet.

Der Sultan erklärt auch das weiter im Inneren gelegene Land für sein Eigentum, mit welchem Rechte mag dahingestellt bleiben. In einigen Gebieten übt er ja einige Autorität aus. So auf der Karawanenstraße von Bagamojo nach Ujiji; ferner in der Berglandschaft von Ussambá, am linken Ufer des Panganiflusses. Hier geriert sich der in Masinde wohnende Häuptling Samboja gleichsam als Statthalter des Sultans, indem er am Freitage, dem arabischen Sonntage, die rote Flagge aufzieht. Uebrigens erhält er von den durchziehenden Karawanen Tribut. Am Tanaflusse, der in jenem oben bereits erwähnten Galagebiete mündet, erstreckt sich die arabische Herrschaft bis zur Ortschaft Muniuni. Die hier wohnenden Wapokomo-Neger sind geradezu geknechtet. Der Gouverneur dieses fruchtbaren Gebietes wohnt in Kau am Osiflusse. Das unweit gelegene sogenannte Wito ist weiter nichts wie eine elende im Urwalde versteckt liegende Ortschaft, wo der Nachkomme der früheren Beherrscher der Suaheli mit Namen Simba (Löwe), mit einigen Hundert seiner Getreuen wohnt. Derselbe ist machtlos, hat aber noch viele Sympathien unter den Suaheli der Küste, welche ihn ihren rechtmäßigen Sultan nennen und von Said Bargasch nichts wissen wollen.*)

Erziehung des Negers zur Arbeit und seine Arbeitsleistung.

Sowohl die in Afrika von den Mohamedanern, wie die in Amerika von den Weißen geübte Sklaverei zeigt uns, daß eine selbst Generationen hindurch in anderer Umgebung und unter anderen Lebensverhältnissen geleistete Sklavenarbeit die Natur des Negers nicht verändert. Sobald der Zwang aufhört, hört auch das Arbeiten auf. Nur in den Gebieten, wo ihn die Not dazu zwingt, leistet er die zur Befriedigung seiner geringen Bedürfnisse erforderliche Arbeit; in den Distrikten, wo die Natur so freigebig und verschwenderisch ist, ihm ein müheloses Dasein zu gestatten, kommt er als Arbeiter für die Plantagenwirtschaft nicht in Betracht. Viele der fruchtbarsten Pflanzungen sind in den westindischen Kolonien, besonders auf

*) Über die Verhältnisse im südlichen Galalande und Wito habe ich in den Mitteilungen der Geogr. Gesellsch. in Hamburg 1876—77 berichtet.

Jamaica und Domingo, zu Wildnissen geworden; man hat sich gezwungen gesehen, hunderttausende von indischen Kulis zu importieren, um die notwendigsten Arbeitskräfte zu erhalten. Wir sind aber nicht berechtigt, daraus den Schluß zu ziehen, daß der Neger überhaupt niemals dahin gelangen werde, in unserem Sinne ein selbständiger Mensch oder der freiwillige Mitarbeiter des Europäers zu werden. Wir können nur behaupten, daß die Sklaverei ebensowenig das Mittel ist, den Neger einer höheren Kulturstufe zuzuführen wie die absolute Freiheit. Hätte man zugleich mit dem Arbeitszwange einen erziehenden Einfluß ausgeübt, hätte man ohne jenen aufzuheben allmählich seine Lage verbessert, ihm gewisse Rechte eingeräumt und vor allem auch auf die Erziehung der in der Sklaverei geborenen Kinder Wert gelegt, so hätte man gewiß bessere Resultate erzielt. Aber da man nur seine Arbeitskraft wie bei einem Tier ausgebeutet hat, so kann man sich auch jetzt nicht wundern, daß er, sich selbst überlassen, wie ein unvernünftiges Tier sich benimmt.

Wenn man heutzutage von einem Zwange spricht, welcher der schwarzen Rasse angethan werden müsse, so läuft man Gefahr, für einen inhumanen Menschen, vielleicht sogar für einen verkappten Sklavenhändler gehalten zu werden. Dennoch sehe ich mich gezwungen, dem Zwange das Wort zu reden, und ich glaube, daß alle, welche die Zustände im äquatorialen Afrika kennen gelernt und den Charakter des Negers studiert haben, zugestehen werden, daß ein gewisser Zwang die einzige Möglichkeit bietet, die Pläne, welche man in Bezug auf die Kultivierung des Landes und die Civilisierung der Bevölkerung hegt, zu verwirklichen. Das Unrecht, das man den Negern in der Sklaverei angethan, scheint man durch das entgegengesetzte Prinzip wieder gut machen zu wollen. Aber die zügellose Freiheit, in der man ihn jetzt im Verkehr mit den verschiedenen europäischen Elementen verkommen läßt, ist nicht weniger inhuman, als die Ausbeutung seiner Arbeitskraft in der Sklaverei. Sich selbst überlassen, eignet er sich, wie die Erfahrung lehrt, nur die Fehler und schlechten Seiten der europäischen Civilisation an und nicht die Vorzüge derselben. Er wird nicht zum Arbeiten angeregt, sondern eher noch durch den leichten Verdienst, welchen der dortige Handel mit sich bringt, und durch die mannigfachen Geschenke und Abgaben, welche üblich sind, von energischer Thätigkeit zurückgehalten. Durch den bloßen Handel mit den Europäern wird der Neger nicht erzogen, sondern verzogen, nicht gebildet, sondern verbildet, nicht moralischer, sondern unmoralischer. Nur dadurch, daß wir ihn an eine regelmäßige und stetige Arbeit gewöhnen und sein Thun überwachen, wird es gelingen, ihn allmählich zu einem anderen Menschen zu machen.

Zur Kolonisation Afrikas ist die Arbeit des Negers unentbehrlich. In keinem anderen fremden Lande sind wir von den Eingeborenen so abhängig wie in Afrika, das wegen seiner wenigen natürlichen Verkehrswege, seines Klimas und seiner Bodenbeschaffenheit der Kultivation die größten Schwierigkeiten bietet. Wenn uns auch die Eingeborenen keinen aktiven Widerstand entgegensetzen, so ist der passive und ihre Gleichgültigkeit doch genügend, unsere Unternehmungen und Bestrebungen scheitern zu lassen. Afrika kolonisieren, heißt den Neger arbeiten machen. Das Anlegen von Wegen und Eisenbahnen, die Errichtung von Niederlassungen und die notwendigen Hafenbauten, die Arbeiten auf den die Flüsse befahrenden Dampfern und die persönlichen Dienstleistungen bei den Europäern, alle die vielen Arbeiten, die der Handelsverkehr und das Eindringen der Europäer in das Innere des Landes bedingen, können nur durch Eingeborene gethan werden. Aber das ist noch das Geringste. Wir haben gesehen, daß das ausgedehnte Innere des Landes außer dem Elfenbein nichts birgt, was sich lohnte zur Küste transportiert zu werden; wir haben ferner gesehen, daß auch die Küstenregion verhältnismäßig nicht viel bietet und daß der Handel nur gering und keiner großen Steigerung mehr fähig ist. Sollte sich auch hier oder dort eine Kupfer- oder sogar Goldmine finden, die ebenfalls nur mit Hülfe der Eingeborenen sich ausbeuten ließe, so handelt es sich doch immer hauptsächlich darum, ob wir dem Boden wertvolle Handelsgewächse abgewinnen können. Nur in der Plantagenwirtschaft beruht die Zukunft Afrikas; nur im Anschluß an diese haben die afrikanischen Gebiete nicht nur für wenige Kaufleute, sondern auch für die Gesamtheit größeres Interesse; nur im Anschluß an diese ist auch der Handel fähig, sich auszubreiten und unserer Industrie die Möglichkeit geboten, ihren Produkten auf dem afrikanischen Markte Absatz zu verschaffen. Man spricht in den Erörterungen über den afrikanischen Handel so häufig von der unerschöpflichen Tauschkraft der Eingeborenen, ein Schlagwort, das wie so viele angenehm und vielversprechend klingt, in dem aber, bei Lichte betrachtet, wenig Sinn liegt. Man sollte lieber unerschöpfliche Arbeitskraft sagen. Zum Tauschen gehört keine Kraft, wenn nur die Tauschobjekte da sind; aber die sind, wie wir gezeigt haben, nicht vorhanden, sondern müssen erst geschaffen werden. Was würde es uns nützen, ob wir jetzt Waggonladungen von Baumwollenstoffen, Eisendraht und allen möglichen Fabrikaten in das Innere des Landes führten? Wogegen sollen die Eingeborenen diese Dinge eintauschen, selbst wenn sie dieselben noch so sehr begehrten? Sie kennen und besitzen nicht einmal etwas, was sie anbauen und kultivieren könnten, vorausgesetzt, daß sie überhaupt die Neigung dazu hätten. Im günstigsten Falle müßten wir sie doch erst unterweisen, um Reis, Kaffee, Tabak oder Baumwolle zu ziehen; aber wir wissen, daß wir mit der bloßen Unterweisung nicht zum Ziele kommen. Ihre Arbeitskräfte können die Eingeborenen gegen unsere Waren eintauschen. Die Plantagenwirtschaft erfordert eine große Menge Arbeitskräfte und eine dauernde und stetige Arbeitsleistung, die wir nur durch einen gewissen Zwang erlangen können. In der unerschöpflichen Arbeitskraft der Eingeborenen besteht allein der große Schatz, den Afrika birgt.

Zur Ausführung eines solchen Zwanges bedarf es keiner inhumanen Maßregeln oder gar solcher Gräuel, wie die sogenannte freie Anwerbung von Südseeinsulanern für die Plantagen in Queensland verübt hat. Der Arbeitszwang ist das leichteste und wirksamste Erziehungsmittel; dasselbe würde alle anderen Aenderungen in Bezug auf die Sitten und Gebräuche, welche sich auf die Dauer mit unseren europäischen und humanen Anschauungen nicht vereinbaren lassen, von selbst nach sich ziehen. Den Arbeitszwang wird der Neger nicht als eine Freiheitsberaubung und als eine Knechtschaft im schlimmen Sinne fühlen, sobald er den ihm gebührenden Lohn erhält. Das, was wir Freiheits- und Ehrgefühl nennen, kennt er nicht. Er empfindet selbst die Sklaverei nicht als Schande, wie daraus hervorgeht, daß die meisten Sklaven, die einen guten Herrn haben, nicht frei sein wollen. Als mohamedanische Sklaven schätzen sie sich höher, als die freien „Wilden“; sie spielen als Sklaven selbst die Herren, indem sie sich wieder eigene Sklaven kaufen, welche die ihnen selbst unbequemen Arbeiten verrichten; in einem Falle habe ich sogar einen Aftersklaven dritter Reihe kennen gelernt. Außerdem finden wir bei sehr vielen Stämmen Institutionen, welche die verschiedensten Formen der Unfreiheit, von einer dem Fremden kaum bemerkbaren Dienstbarkeit bis zur nackten Sklaverei, umfassen; freilich wird bei letzterer nie die Arbeitskraft des Individuums so ausgebeutet wie in Amerika und zumteil auch bei den Mohamedanern. Der Neger wird es ganz natürlich finden, wenn der Europäer, dessen Überlegenheit er in jeder Beziehung anerkennt, den er oft seinen Gott nennt, ihn sich dienstbar macht; er wundert sich sogar, wenn jener das nicht thut. Er kann es nicht begreifen, weshalb der Europäer, der alles bezwingen kann und so viele Wunderkräfte und große Zaubermittel besitzt, niemals Gewalt anwendet. So denken im Osten die ackerbautreibenden Bantustämme, welche gewohnt sind, von den Mohamedanern gemißhandelt und betrogen zu werden. Der Bantuneger ist unermüdlich im Überlegen und Beratschlagen, aber unentschlossen im Handeln. Er ist hartnäckig wie ein Bauer und kann um nichts sich zanken und streiten gleich unseren Kindern, aber meist zieht er einen schimpflichen Frieden einem siegreichen Kriege vor. Ein wie gefügiges, williges und geduldiges Geschöpf der Neger dieser Stämme ist, erkennt man daraus, wie er sich von den Mohamedanern behandeln läßt. Die Waniamwesi (Bewohner von Uniamwesi) sind die reinen Packesel der Araber; zu hunderten werden sie wie das Vieh zusammengetrieben, um die Lasten zu schleppen; an der Küste angekommen, erhalten sie kaum die nötige Nahrung und ein Stück Baumwollenzeug; sie bekommen nicht den dritten Teil des Lohnes, den ihnen der Europäer zahlt. Im Gebiete des Tanaflusses ($2^1/_2{}^0$ s. Br.) haben wenige Mohamedaner den größten Teil eines kräftigen Negerstammes, der Wapokomo, geknechtet, ohne einen Blutstropfen zu vergießen: die Neger müssen die Reisfelder bestellen; die sich widersetzenden werden geschlagen oder wandern ins Gefängnis. Alles läßt man über sich ergehen. Als ich die Eingeborenen, unter denen ich mehrere Monate zugebracht, fragte, weshalb sie sich das gefallen ließen, antworteten sie mir: „Wir lieben den Frieden und taugen nicht zum Kriege.“ Diese

Leute sind wie zur Sklaverei geschaffen. Die Ältesten der Ortschaften in denen ich mich aufhielt, klagten fast täglich ihr Leid und meinten, die Europäer sollten sich bei ihnen niederlassen, dann würden die Bedrückungen aufhören. Niemals beschwerten sie sich darüber — und das ist sehr charakteristisch — daß man sie zu angestrengtem Arbeiten zwänge, sondern immer nur darüber, daß man ihnen den Lohn vorenthalte. So sind diese Neger; zwingt man sie zu einer Arbeit und giebt ihnen den verdienten Lohn, so sind sie froh ob des Gewinnes und dankbar, daß man ihre Dienste anerkennt; läßt man ihnen ihren freien Willen, so thun sie nur soviel, um nicht zu verhungern. Das geht ja im Grunde den Europäer nichts an. Unsere Proletarier arbeiten auch nur aus Not. Wenn der Sansibarneger in einem Lande, wo man sich täglich von 15 Pfennigen ernähren kann, mit dem Lohne einer Tagesarbeit eine ganze Woche hindurch lebt, so haben wir eigentlich kein Recht, ihm darüber Vorwürfe zu machen. Es paßt uns nur nicht und zwar aus dem Grunde nicht, weil wir einen solchen Menschen nicht zu unserem Nutzen verwenden können.

Im allgemeinen darf sich der Mohamedaner dem Neger gegenüber viel mehr erlauben, ohne auf Widerstand zu stoßen, als der Europäer. Das hat seinen Grund darin, weil der Neger von letzterem schon verwöhnt worden ist, teilweise auch, weil er jeden Europäer für einen steinreichen Mann hält, dem es gar nicht darauf ankommen kann, ob er ein paar Lasten Perlen oder anderer schöner Sachen an die armen Schwarzen verschenkt. Wenn der Europäer ein Gastgeschenk erhält, so erwartet man mindestens das zehnfache zurück.

Für die Erlangung von Arbeitskräften wird in vielen Fällen die bestehende obrigkeitliche Gewalt von großem Nutzen sein. Wie gering sie auch sein möge, an sie muß man sich zunächst halten, sie muß man zu gewinnen suchen. Da, wo unumschränkte Machthaber vorhanden sind, wird es nicht schwer halten, ihn durch Geschenke zu veranlassen, einem Unternehmen in seinem Lande Arbeiter auf längere Zeit zu verschaffen. Doch darf man sich nicht darauf einlassen, dem Oberhaupte den Lohn auszuzahlen, weil derselbe dann die Arbeiter ausbeuten und kein engeres Verhältnis zwischen den Europäern und den Schwarzen sich ausbilden würde. Streit und

Unlust wird die Folge sein und der Zweck, die Lage der Eingeborenen zu verbessern und mit der Zeit eine freiwillige Arbeiterbevölkerung zu erziehen, wird nicht erreicht werden. Aber auch da, wo keine absoluten Häuptlinge, Sultane, Könige oder wie man sie nennen will, vorhanden sind, wird man fast immer imstande sein, durch die sogenannten Ältesten einen Einfluß auf die jüngeren Leute zu gewinnen. Geschenke führen auch hier meistens zum Ziele; im Notfalle dürfte es genügen, dem Ortsvorstande anzudeuten, daß er selbst auch zur Arbeit herangezogen werden würde, wenn er keine Arbeiter beschaffe. Es ist bei ihnen selbst Sitte, daß die jüngeren Leute einer Ortschaft für die Ältesten arbeiten müssen; alle verheirateten Männer verrichten keine Landarbeit mehr, dagegen wohl die unverheirateten, die Knaben, Mädchen und alle Frauen. Wenn man nur die unverheirateten Leute eines Stammes zu der Bebauung des Ackers heranzieht, so hat man zunächst damit genug, und man wird sich dann mehr innerhalb der Grenzen der landesüblichen Institutionen halten. Die republikanische Verfassung ist bei den Stämmen des Ostens wie des Westens die vorwiegende; im Osten sind auch weniger sogenannte Könige vorhanden, wie das im Westen der Fall zu sein scheint. Ich kann mich hier einer Bemerkung in Bezug auf das Wort „Könige" nicht enthalten. Man braucht ja jenen schwarzen Herrschern den schuldigen Respekt nicht zu versagen, und in der Beziehung geht wohl der Titel König schon weit über die Grenze dessen hinaus, womit man jene Negerhäuptlinge bezeichnen sollte. Wenn man aber neuerdings, wie das in deutschen Berichten von Westafrika geschieht, von einer „Majestät des Königs von Kongo" schreibt, so bedeutet dies doch eine Erniedrigung des erhabenen Wortes. Man denke sich eine solche Majestät auf einer alten Kiste thronend, mit einem schmutzigen Baumwollenlappen um die Hüften, einem alten Cylinderhut auf dem Kopfe, einen aufgespannten roten Regenschirm haltend und halbtrunken mit grinsendem, blödem Ausdrucke den Europäer empfangend. Ebenso lächerlich ist es, die Häuptlinge im Osten mit dem Prädikat „Hoheit" zu benennen. — Da, wo im Osten von einem Oberhaupt die Rede ist, hat dasselbe doch niemals solche Gewalt, daß es ohne weiteres seine Unterthanen zum Arbeiten heranziehen könnte. Die meisten Bantustämme des Sansibargebietes, die vorwiegend für Plantagenwirtschaft geeignet wären, bilden in politischer Beziehung keine Stammeseinheit, sondern setzen sich aus einer großen Anzahl zerstreut liegender Ortschaften zusammen, von denen jede mehr oder weniger ihre eigenen Interessen verfolgt, besonders wenn es sich um Streitigkeiten mit den Fremdlingen handelt. In Gefahren stehen sie sich selten einander bei, nur wo es gilt, Feste und Gelage zu feiern, fühlen sie sich als Brüder eines Stammes.

Wo man Gelegenheit hat, gute Sklaven freizukaufen und (mit ihrer Einwilligung) auf dem zu kultivierenden Gebiete anzusiedeln, ist dies gewiß für den Anfang eine nicht zu unterschätzende Hülfe. Im Westen kann man solche bei den Küstenstämmen für 100 Mark kaufen, auch die Expeditionen haben zuweilen diesen Weg zur Erlangung von Trägern eingeschlagen. Im Osten besitzen die meisten Volksstämme keine Sklaven, es müßte denn einmal ein den Mohamedanern entlaufener Sklave aufgegriffen werden. Nur die am Fuße des Märu-Berges unweit des Kilima-Ndjaro ansässigen Kuafi halten solche zur Bestellung ihrer Äcker. Sie erbeuten dieselben auf ihren Raubzügen im Pare-Gebirge und verhandeln sie auch zum Teil an die Mohamedaner. Die unter den Nomadenstämmen der Gala und Massai in gewisser Abhängigkeit lebenden Völker kommen hierbei nicht in Betracht. In Sansibar kann man noch immer gute Sklaven kaufen, resp. freikaufen, und zwar erhält man einen solchen für 120—130 Mark. Diese mohamedanischen Sklaven sind jedenfalls viel zuverlässiger und brauchbarer als die westafrikanischen; man hat viele ausgezeichnete Leute unter ihnen und meine besten Träger bestanden aus solchen. Im allgemeinen sind ja die freien mohamedanischen Sansibarneger, die sogenannten Wangwana, vorzuziehen. M'ngwana (plur. wangwana) bedeutet überhaupt jeder Freie im Gegensatz zum Sklaven, im besonderen werden aber so die Abkömmlinge der Freigelassenen genannt, die sich mit der Zeit sehr vermehrt haben und in einem bestimmten Stadtviertel Sansibars wohnen, übrigens sich natürlich auch an der Küste finden. Doch dünkt sich der «mtu ja Unguja» d. h. der Mann von Sansibar, tüchtiger und zuverlässiger als der «mtu ja mrima», der Mann von der Küste; und mit Recht. Diese Wangwana sind für den Landbau weniger geeignet und vielleicht auch zu teuer. Man muß bei dem Engagement von Sklaven so verfahren, daß man zunächst mit dem Sklaven sich einigt, ehe man dem Herrn Mitteilung macht. Nie soll man einen Sklaven annehmen, der mit Unlust seinem Dienste entgegensieht oder mit dem ihm von seinem Herrn bewilligten Lohnanteil unzufrieden ist. Unter den 18 Mann, welche mir von den für die Massaireise angeworbenen 120 Trägern, unter denen zwei Drittel freie waren, desertierten, befanden sich nur 4 Sklaven.

Auch die Waniamwesi sind nicht alle mit gleichem Maße zu messen. Die Araber unterscheiden 3 Klassen mit verschieden hohen Löhnen, von denen sie die erste Klasse fast den Wangwana gleichstellen. Im Inneren kann man bei einzelnen Stämmen von dem Pater familias die Angehörigen kaufen. Vom moralischen und humanen Standpunkte aus läßt sich darüber streiten, ob man letztere Ankäufe, die ja eigentlich Loskäufe sind, gutheißen soll oder nicht. Der Neger ist ja von dem Augenblicke an frei, wo der Europäer ihn kauft; er kann dann thun und lassen, was er will. Wenn der Vater seinen Sohn anbietet, darf man ihn dann kaufen, auf einer Station ansiedeln und erziehen, oder darf man das nicht thun? Viele Missionare lassen eine solche Gelegenheit, eine Bekehrung zu machen, nicht vorübergehen. Die Engländer dürfen aber überhaupt keine Sklaven freikaufen, weil die englische Regierung hierin einen indirekten Antrieb zum Sklavenhandel sieht.

Vor drei Jahren wurde die französisch-katholische Mission bei Bagamojo von dem englischen Konsul beschuldigt, Sklavenhandel zu treiben und dieserhalb auf diplomatischem Wege verklagt. Die Sache verhielt sich nämlich folgendermaßen. Ein bis zwei Tagereisen von der Mission wohnt ein Wadóe genanntes nicht dem Bantustamme angehöriges Volk, das als wild und unzugänglich bekannt ist und manche abstoßende Sitten hat; unter anderem wird ihm auch heute noch die Vorliebe für Menschenfleisch nachgesagt. Bei diesem Stamme ist es Gebrauch, schwächliche Kinder auszusetzen. Wurden solche aufgefunden, so nahm sich die Mission, wie recht und billig war, ihrer an. Als nun die Eingeborenen merkten, daß die von ihnen verschmähten Schwächlinge von den Europäern aufgenommen und gepflegt wurden, brachten sie wohl auch ein Kind gleich zur Mission, um es hier „auszusetzen“. Da sie selbst aber einen weiteren Weg zu machen hatten und den Europäern so das Aufsuchen ersparten, verlangten sie für ihre Bemühungen ein kleines „Trinkgeld", bestehend in einem Lappen Baumwollenzeug oder einem blanken Silberstücke. Erhielten sie das nicht, so nahmen sie lieber das Kind wieder mit und ließen es von den Hyänen verspeisen, denn dem Europäer giebt man nichts umsonst. Soll man das Verhalten der Missionare als Menschenhandel bezeichnen und darin ein Unrecht finden, selbst wenn man annehmen wollte, daß die Eltern veranlaßt werden könnten, auch nicht schwächliche Kinder fortzugeben und somit einen Kinderhandel einzurichten? Der französische Admiral, der mit der Untersuchung betraut wurde, konnte nichts Unrechtes darin finden, und so wurden die Anschuldigungen als unberechtigt zurückgewiesen.

Nicht nur seiner Willigkeit, sondern auch seiner Billigkeit wegen ist der Neger für den Plantagenbetrieb in Afrika unersetzbar. Es kommt zuweilen vor, daß freie Neger von den der Küste benachbarten Stämmen, welche sich als Träger vermieten wollen, bis zum Aufbruche der Karawane auf den Plantagen der Mohamedaner arbeiten; sie erhalten für die Stunde 7 Pfennige. Das wäre also bei einer Arbeitszeit von 8 Stunden, die für den Landbau in dem Klima genügt, ein Tagelohn von 56 Pfennigen. Im Binnenlande, wo die Löhne billiger sind, wird auch der Europäer, der ja alles teurer bezahlt, für diesen Lohn Arbeiter erhalten. Man kann auch anstatt des Stundenlohnes Parzellenlohn versuchen, d. h. der Arbeiter erhält für jedes umgeackerte Meter im Quadrat einen festgesetzten Lohn, oder für den ganzen Tag ein bestimmtes Stück angewiesen, das er für einen bestimmten Lohn umackern muß. Die ackerbautreibenden Neger haben in der Abschätzung eines Stückes Land ein gutes Augenmaß; sie geben sofort an, wieviel Lohn sie für die Beackerung eines gewissen Terrains beanspruchen können. Auf den Plantagen der Mohamedaner ist es üblich, den Sklaven ein bestimmtes Stück Land zur Bearbeitung täglich anzuweisen. Aufseher sind natürlich bei allen Arbeiten unentbehrlich. Aber der Arbeitgeber bedenke, daß die Qualität der Arbeit schlechter wird, wenn an die Quantität zu große Anforderungen gestellt werden. Die Wapokomo-Ruderer, welche ich zur Befahrung des Tanaflusses mietete, erhielten 45 Pfg. täglich in Baumwollenstoffen, einschließlich der Beköstigung. Im Binnenlande stellen sich die Unterhaltungskosten eines Arbeiters auf höchstens 10 Pfg. täglich, vorausgesetzt, daß man sich in einem bevölkerten, fruchtbaren

Gebiete befindet. Im Massailande kostet das Rind 10—20 Mark. Der Lohn für einen Träger, der 65 ℔ trägt, ist außer den Unterhaltungskosten 15 Mark monatlich. Die Elfenbeinhändler, die nicht auf Monatslohn, sondern für eine bestimmte Reise mieten, erhalten ihre Träger für einen Tagelohn von 33—40 Pfg., jenachdem der Betreffende eine kleine (65 ℔) oder große Last (85 ℔) zu tragen imstande ist. Man sollte doch annehmen, daß bei ergiebigem Plantagenbetriebe ein Lohn von 20 Mark monatlich einschließlich der Beköstigung zu ertragen sei.

Und was vermag so ein Neger nicht alles zu leisten? Den ganzen Tag arbeitet er mit dem Spaten bei einigen Bananen und etwas Maniok und abends genießt er seinen Hirsebrei mit einem getrockneten Fischchen. Daß der Neger nicht wählerisch ist in Bezug auf die Nahrung, ist bekannt. Die meisten Stämme im Inneren verschmähen wohl außer Schlangen kein Tier; Affen und Krokodile sind häufig ein Lieblingsgericht; das Fleisch wird in einem Zustande noch gegessen, in dem es bei uns Krankheiten hervorrufen würde. Ich habe gesehen, wie das Gehirn eines schon 3 Tage in der Sonne gelegenen Flußpferdes, zu Fleischbrühe Verwendung fand und wie ein toter Fisch, der schon mindestens 2 Tage auf dem Wasser geschwommen, von einem Hautgout, daß der Europäer ihn nicht im Boote ertragen konnte, noch in den Kochtopf wanderte. Viele meiner Träger aus der Ortschaft Pangani trugen eine Last von 85 Pfund Eisendraht auf dem Kopfe, dazu ein Gewehr von 7 Pfund, Wasserflasche (Flaschenkürbiß), Pulverhorn, Kugeltasche, Schlafmatte, häufig noch einige Perlen zum eigenen Gebrauch und an manchen Tagen auch noch mehrere Pfund Getreide, also ein Gewicht, das mindestens 100 Pfund betrug; damit wurde des Morgens nüchtern aufgebrochen, bis 11, 1 oder 2 Uhr durch die glühende Sonne marschiert; dann, am Ruheplatze angelangt, das Lager eingerichtet, Holz gesammelt und gegen Abend 1—$1^1/_2$ Pfund Mais oder Negerkorn ohne jede Zuthat abgekocht, verzehrt; darauf nicht selten noch gesungen und getanzt, und am anderen Morgen um 6 Uhr war man wieder auf dem Marsche. Welcher andere Mensch außer dem Neger wäre imstande so etwas zu leisten? Die Leute waren immer zufrieden, wenn sie nur des Abends sich satt essen konnten, und selbst das war den Trägern der Mohamedaner nicht immer vergönnt, sei es daß nicht viel Nahrung eingekauft werden konnte, sei es, daß die Eigentümer der Karawanen knauserten. Wapakomoneger ruderten oft den ganzen Tag, ohne Nahrung zu sich genommen zu haben. Die Besiegung der Schwierigkeiten und Anstrengungen, welche bei dem Dampfertransport am Kongo von den Sansibarleuten überwunden worden sind, war auch nur dem Neger möglich.

Charakter und Sitten der Neger.

Die Negerrasse vermag sich nicht nur den durch die Kultur bedingten veränderten Lebensverhältnissen und Gewohnheiten aufs beste anzupassen, sondern sie besitzt auch gewisse Eigenschaften, die sie vor allen übrigen Völkern befähigen, der Civilisation und den europäischen Anschauungen gewonnen zu werden. Die beiden Hauptvorzüge seines Charakters sind die Vorurteilslosigkeit und sein Indifferentismus in religiösen Dingen. Europäer und Mohamedaner, Christ und Buddhist werden sich nie einander nähern; wir können wohl kaum erwarten, daß wir diese jemals zu unseren Anschauungen bekehren werden. Sie sind durch eine Menge religiöser und sozialer Vorschriften von allen Fremden getrennt. Der Neger weiß nichts von einem solchen Gegensatz; er tritt dem Europäer nur als Mensch gegenüber, nicht als ein mit allen möglichen sozialen und religiösen Vorurteilen ausgestattetes Kulturprodukt; er hat den Wahlspruch: leben und leben lassen. Er findet in den europäischen Sitten und Gebräuchen nichts, was er nicht auch annehmen könnte; er kann in Speise und Trank, in Kleidung, in allem dem Europäer folgen, ohne daß er gegen seine Landesgebräuche und religiösen Vorschriften frevelte und fürchten müßte, von seinen Genossen ausgestoßen zu werden. Er maßt sich auch nie an, das seine Fetische unfehlbar und die mächtigsten seien, sondern er erkennt willig an, daß andere unter Umständen bessere besitzen. Er duldet sogar, daß man über seine Fetische spottet. Als mich bei dem Stamme der Waschensi einst ein Mohamedaner mit spöttischem Lächeln auf die in Miniaturhäuschen aufbewahrten Thonscherben mit Wunderhölzchen und anderen Zauberkräften, welche zu Seiten des zur Ortschaft führenden Weges angebracht werden, aufmerksam machte, sprach einer von den umherstehenden Negern mit philosophischer Ruhe das große Wort aus: «Kulla mtu ana daua jake», d. h.: Jeder Mensch hat seinen Fetisch. Der sich überhebende Mohamedaner, welcher immer Gott im Munde führt, ist von einem solchen Aberglauben erfüllt, daß oft sein Allah vollständig verdrängt wird. Wenn die Karawane an einem krokodilreichen Flusse angekommen war, so riefen die „Gläubigen“ zunächst Allah um Schutz an, er möge sie vor den Ungeheuern bewahren, dann aber gingen sie zu den Kafir, den Eingeborenen und veranlaßten sie für einige Armlängen Zeug, ihre Zaubermittel gegen die Krokodile anzuwenden. Die Negerstämme Ostafrikas haben nicht entfernt den ausgedehnten Fetischdienst wie die des Westens; Fetische in Menschengestalt sieht man fast niemals. Die religiösen Gebräuche treten überhaupt vollständig in den Hintergrund. Die Geheimnisse des Kultus, wenn man so sagen soll, ruhen bei den Aelsteten der Ortschaft, welche durch ihre Zaubermittel dafür sorgen, daß alle bösen Krankheiten, Dürre u. s. w. verursachenden Elemente fern gehalten werden. Natürlich lassen sie sich für ihre Bemühungen belohnen, denn umsonst ist nur der Tod auch im Negerlande. Zugleich benutzen diese Dorfschulzen, welche man auch die Priester in den Kinderschuhen nennen könnte, den Aberglauben und die Furcht der Menge vor bösen Kräften dazu, eine gewisse Herrschaft über die jüngere Generation auszuüben. Zuweilen wird das Volk, vornehmlich die Weiber, bange gemacht. Bei den gemütlichen Wapokomonegern, bei denen sich der Europäer in kurzer Zeit heimisch fühlte, war es ergötzlich zu sehen wie die Weiber und Kinder und zum Teil auch die Jünglinge plötzlich erschrocken in ihre Hütten eilten, wenn aus dem Walde ein eigentümliches Gebrüll erscholl, vermischt mit dem Geklingel kleiner Glocken; es hieß: „Der Teufel geht um.“ Einige jüngere Männer waren jedoch den Geheimnissen schon auf die Spur gekommen, denn sie lächelten verschmitzt, und als ich einen von ihnen später beiseite nahm und fragte, was das alles zu bedeuten habe, anwortete er, es sei ihnen bei Todesstrafe verboten darüber zu sprechen und danach zu forschen, aber sie wüßten wohl, daß jene Geräusche von den Aeltesten selbst hervorgebracht würden, um die jungen Leute bange zu machen; wenn sie erst Aelteste wären, würden sie ebenso handeln.

Die für die Fetischceremonien ausersehenen Orte liegen gewöhnlich an einer Seite der Ortschaft im Walde. Nur den Ältesten ist gestattet, solche zu betreten. Bei meiner Ankunft wurde mir in höflicher Weise mitgeteilt, daß auch der Fremdling zu diesen Plätzen keinen Zutritt habe. Es dürfte nicht überflüssig sein, hervorzuheben, daß der Europäer verpflichtet ist, diese geweihte Stätte zu respektieren, zumal jüngst in Westafrika infolge von unverzeihlicher Rücksichtslosigkeit seitens deutscher Reisender blutige Streitigkeiten dieserhalb entstanden sind.

Der Bantuneger des Ostens kann nie religiös-fanatisch werden; auch der mohamedanische ist durchaus frei von Fanatismus. Die meisten machen die äußerlichen Gebräuche mit, weil es so Sitte ist und weil sie sich so vornehmer dünken. Ich hatte einen mohamedanischen Sklaven in meiner Karawane, dem es an der Küste niemals einfiel zu beten. Als wir in einem Negerdorfe einige Tage rasteten, war ich erstaunt zu sehen, wie er sich mittags und abends in die übliche Positur stellte und vor aller Augen die vorschriftsmäßigen Gebetübungen machte und zwar nur aus dem Grunde, um den „Wilden" zu zeigen, daß er doch etwas mehr sei wie sie. Andererseits kommt es auch vor, daß mohamedanische Neger, welche an der Küste der alkoholischen Getränke sich enthalten, auf der Reise gemütlich mit den „Wilden" kneipen.

Sehr sympathisch berührt bei dem Neger seine Kameradschaftlichkeit und Freigebigkeit. Die Träger, welche zuerst nach langem Marsche am Lagerplatze ankommen, kehren, sobald sie ihren Durst gestillt, sie mögen noch so ermüdet sein, sofort um, nur in der Absicht, ihren zurückgebliebenen und ermatteten Kameraden Wasser zu bringen und nötigenfalls die Last abzunehmen. Die Mitglieder verschiedener Stämme halten fest zusammen im fremden Lande. Auch das dürftigste Mahl wird mit dem hungernden Genossen geteilt.

Abgesehen von den zwecklosen, aus der Luft gegriffenen Lügen, die man nicht selten zu hören bekommt, hat der Neger große Neigung zu konventionellen Lügen. Er lügt aus Höflichkeit, indem er dem Europäer nicht widersprechen mag. Er sucht aus seiner Frage herauszuhören, ob der Fragesteller lieber ja oder nein als Antwort hat. Diese Eigenschaft des Negers, sich dem Europäer gegenüber gefällig zu erweisen, sich seinen Gewohnheiten anzupassen, geht oft soweit, daß er ein Wort seiner Sprache, das von dem Europäer inkorrekt ausgesprochen wird, bei jeder späteren Unterhaltung mit ihm ebenso falsch wiedergiebt. Die Neger sind daher sehr schlechte Lehrmeister für die Sprachstudien der Europäer.

Der mohamedanische Sansibarneger hat in gewisser Beziehung mehr Ehrgefühl wie der Indier; er läßt sich von dem Europäer nicht so behandeln und mit Füßen treten, wie der indische Diener.

Trotz seiner großen Fehler, die vor allem in seiner mangelhaften Wahrheitsliebe und seiner geringen Zuverlässigkeit bestehen, trotz seines Leichtsinns, seiner Prahlsucht, seiner Trägheit kann man doch behaupten, daß, wenn wir ihn zu unserem Arbeiter erzögen, ohne daß er seinen Charakter, seine Sitten und Gebräuche änderte, wir uns keine besseren zu wünschen brauchten.

Es ist daher zunächst nicht notwendig, daß die Europäer, welche ein Gebiet erworben haben, welches von friedfertigen Stämmen bewohnt wird, Gesetze dekretieren, die Änderungen in den Einrichtungen und Gewohnheiten der Eingeborenen bezwecken. Gesetze sind nur für die sich niederlassenden Europäer notwendig. Man wird sich auch hier mit Vorteil in der ersten Zeit an die bestehende richterliche Gewalt, die bei den Ältesten ruht, anlehnen, wenigstens überall dort, wo Kolonien im Inneren des Landes angelegt werden. Man wird sich erst in die Rechtsanschauungen des Volkes hineinleben und nach und nach die richtende und strafende Gewalt auf sich selbst übertragen müssen, denn es ist vor allen Dingen nötig, den Eingeborenen gegenüber die peinlichste Gerechtigkeit in ihrem Sinne zu beobachten. Übelthäter werden auch von den Negern selbst bestraft, oft härter, als wir es zugeben können. Von Diebereien bin ich in Ostafrika nur bei den nomadisierenden Massai belästigt worden, welche an Frechheit und List ihres Gleichen suchen. Schlägereien unter Genossen derselben Ortschaft oder desselben Stammes sind sehr selten. Mord und Totschlag kommen so gut wie garnicht vor; mir ist in den sieben Jahren nur ein einziger Fall bekannt geworden. Kindesmord ist den von mir kennen gelernten Stämmen unbekannt, selbst unter Umständen, die Veranlassung genug dazu bieten könnten. Als ich Ende 1883 von meiner Massaireise zurückkehrte, rastete meine Karawane bei einer «Kwa Fungo» genannten Ortschaft des Waschensi-Volkes. Dieser Stamm bewohnt die sogenannte Landschaft Bondéi unweit Pangani, in der sich auch eine Niederlassung der „London Mission" befindet. Hier entspann sich folgendes Gespräch mit einem Eingeborenen, welcher der Suaheli-sprache mächtig war, von der später noch die Rede sein wird. Damit der Leser einen Eindruck von der Negersprache erhält, welche in unserer ostafrikanischen Kolonie die Verkehrssprache bildet, so will ich die Unterhaltung zugleich in dieser wiedergeben.

Einer der Aeltesten der Ortschaft trat schüchtern auf mich zu und fragte mit verlegenem Lächeln:

«Bana, wataka ku nunua mtum'a?» „Herr, willst du einen Sklaven kaufen?"

«Msungu hanunui watuma, rafiki jangu,» antwortete ich. „Ein Europäer kauft keine Sklaven, mein Freund."

«Hm; lakini mtuma huju namrfa.» „Hm; aber dieser Sklave ist ein ganz besonderer."

«Namna gani?» „Welcher Art?"

»Meope kana wewe; lakini mtoto bado.» So weiß wie du; aber noch ein Kind."

In der Meinung, es würde sich um einen Albino handeln, fragte ich:

«Madjo jake mekundu na haoni waema mtchana?» „Sind seine Augen rot und sieht er nicht gut am Tage?"

«La,» entgegnete der Schwarze, madjo jake nimsima. „Nein, seine Augen sind gesund."

«Na uelle jake?» fragte ich weiter. „Und seine Haare?"

«Uelle jake meosi, kana usi; willewille kana jako;» „Seine Haare sind dunkel (schwarz); wie Fäden; ganz wie die deinen. (Usi-Garn, Faden; also nicht kraus.)

Jetzt wurde die Angelegenheit für mich von größerem Interesse; ich hoffte eine wichtige anthropologische Entdeckung zu machen und sagte daher:

«Waema, onesche mtoto marra moja; hana mama?» „Gut, zeige mir das Kind einmal; hat es keine Mutter?"

«Mamake jupo, hakai mbali.» „Es hat eine Mutter; sie wohnt nicht weit von hier."

«Sababu nini hamtaki mamake?» „Warum will die Mutter es nicht?"

«Mamake hampendi kabisa, sababu watu wamtschaeka.» „Die Mutter liebt es gar nicht, weil die Leute sie verspotten."

«Na babake?» „Und sein Vater?"

Bei dieser Frage verzog sich das breite Gesicht des grauköpfigen Negers zu einem unbeschreiblich verlegenen und zugleich verschmitzten Grinsen. Die im fragenden Tone gegebene Antwort war eine ausreichende Erklärung:

«Hujui, kamba Wasungu waká huku ntschi jetu?» „Weißt Du nicht, daß Europäer hier in unserem Lande wohnen?"

«Padri Ingresa,» „Englische Priester," ergänzte einer meiner Sansibarleute, der das Gespräch mit angehört hatte.

Nun war mir die Sache klar. Mit der interessanten anthropologischen Entdeckung war es nichts; der «mtuma namna» war ein afrikanischer — Msungu.

Ich habe mehrfach Albinos in Negerfamilien angetroffen; die Abnormität fand sich immer nur bei einem Kinde der Familie vor. Die Eltern hingen jedoch an diesen farblosen Kindern nicht weniger als an den normal gearteten. In obigem Falle trug natürlich das Gespötte der Stammesgenossen die Schuld, daß die Mutter sich dieses Kindes auf — immerhin erlaubte Weise — entledigen wollte.

Sowohl im mohamedanischen Sansibargebiete, als auch unter den ackerbautreibenden Negerstämmen herrscht, eine Sicherheit der Person, auch für den Europäer, wie sie größer nicht gedacht werden kann, trotzdem kein Gesetzbuch und keine Polizei vorhanden ist. Man kann mit dem Spazierstocke bei Tag und Nacht umherwandeln, wo es einem beliebt, ohne das geringste fürchten zu müssen. Aber auch die Gebräuche, welche den europäischen Anschauungen etwa widerstreben, sind bei den meisten Stämmen durchaus nicht derart, daß sie unmoralisch und im Verkehr anstößig erschienen. Der Anstand wird von diesen „Wilden" niemals verletzt. Trotz der absoluten Freiheit des Individuums herrscht eine große Zucht und Ordnung. Wenn man das friedliche, geregelte, gesetzmäßige und verständige Treiben und Benehmen in einer Ortschaft des gutmütigen Bantunegers monatelang beobachtet, so darf man hier wirklich nicht von „Heidenleben" und „Heidenwirtschaft" im schlechten Sinne sprechen. Bei den Wapokomo dürfen die Mädchen nach Sonnenuntergang nicht mehr allein ausgehen. Ein Mann, der einem Weibe oder Mädchen gegenüber unziemliche Reden führt, wird durch Zahlung irgend welcher Wertobjekte, oder wenn er solche nicht besitzt, zu einer entsprechenden Arbeitsleistung gezwungen.

Die Polygamie trägt nicht den häßlichen Charakter wie bei den Arabern. Die Weiber nehmen bei den Negern eine ganz andere Stellung ein, schon aus dem Grunde, weil sie arbeiten und sich durch ihr Arbeiten eine gewisse Macht erringen. Daher hat das Weib in allen Dingen ein Wort mitzusprechen, und bei den Verkäufen von Elfenbein oder Getreide giebt daselbe oft den Ausschlag. Es sind ja zum größten Teil für das Weib bestimmte Schmucksachen, die eingetauscht werden und mit Recht, denn es hat sie sich erarbeitet. Ein jedes Weib besitzt auch seine eigene Wohnung. Die Vielweiberei ist bei den Negern eine Einrichtung zur Erlangung von Dienstpersonal, da ja eine dienende Klasse nicht besteht. Als ich unter dem wilden und räuberischen Hirtenvolke der Massai weilte, befreundete ich mich mit einem älteren Manne, der mehrere hundert Stück Vieh besaß. Ich erkundigte mich nach diesen und jenen Sitten seines Volkes und fragte ihn auch eines Tages, wie viel Weiber er habe. „Fünf," antwortete er; „aber", fügte er ohne weiteres hinzu, „ich liebe nur eine, die anderen sind wie meine Mägde." So sprach ein Heide und Wilder, und dieser Wilde mit seinen fünf Weibern ist moralischer als mancher Nichtwilde mit einer Frau Gemahlin. — Alte Jungfern giebt es im Negerlande nicht; das hat auch seine Vorteile. Es wird keiner Gewaltmaßregeln bedürfen, ihn mit der Zeit in die Monogamie überzuführen. Wenn erst jeder arbeitet, fällt die Polygamie schon von selbst fort. Übrigens ist sie auch gar nicht so allgemein verbreitet, wie das angenommen wird. Unter den meisten Stämmen der Ostküste besitzt durchschnittlich der Neger nur ein Weib. Die angeseheneren und intelligenteren Leute, die in dem Verkehr mit den Fremden die meisten Vorteile haben, besitzen deren mehrere. Die Polygamie in ihrer häßlichen Form scheint ebenso wie die übermäßige Trunksucht in Afrika vorzugsweise das Privilegium der großen Häuptlinge oder wie sie neuerdings in Ostafrika genannt werden, der „Hoheiten" und in Westafrika der „Könige" zu sein. Auch die mohamedanischen Wangwana von Sansibar besitzen meistens ein Weib.

Was die religiösen Anschauungen betrifft, so lasse man dem

Neger nur Zeit, seine alten liebgewonnenen und auch erprobten Fetische durch neue, unbekannte zu ersetzen. Der Neger wird sich überdies, wenn die Europäer erst Herren geworden sind, nach ihnen richten und danach streben, sich ihnen ähnlich zu machen, soweit es ihm nicht zuviel Arbeit und Mühe kostet. So verhält es sich auch bei den unter den Arabern lebenden Negern; sie wollen sich in allem benehmen, wie die herrschende Klasse, die Araber; deshalb machen sie auch den Mohamedanismus mit, weil die Vornehmen demselben angehören. Sind erst die Europäer die herrschende Klasse geworden, dann werden den Missionaren die Früchte, deren Erlangung ihnen jetzt so schwer wird, von selbst zufallen; dann wird der Neger Christ werden, nicht aus Überzeugung, sondern aus Großthuerei und Eitelkeit. Er wird so mit der Zeit ein Vererbungs- und Gewohnheitschrist, wie so mancher andere auch ist. Er wird ein christlicher Kulturmensch; deshalb wird er nicht glücklicher, auch nicht moralischer. Im Gegenteil, wenn er dann zurückdenken könnte, würde er sich vielleicht wieder in seinen „wilden" Zustand versetzt wünschen, wo nicht die Hast und Unruhe, nicht die Leidenschaften und Unzufriedenheit herrschen, welche die Kultur zur Folge hat, wo der Selbstmord unbekannt war, wo es keinen Mord und Totschlag, keinen Ehebruch und Kindesmord gab.

Darauf wird der Europäer sowohl als Herr des Arbeiters, wie auch Erzieher der Kinder besonders zu achten haben, daß der Neger nicht durch den Schnaps ruiniert wird. Was dieses Getränk schon für Unheil angerichtet hat, ist genugsam bekannt; im mohamedanischen Osten einstweilen noch weniger als im Westen, aber auch auf Sansibar ist die schädliche Wirkung desselben schon deutlich genug. Wie es mit den Bewohnern von Lüderitzland in der Beziehung steht, das beweisen nicht nur die Klagen der Missionare, sondern auch die Berichte anderer Deutschen. In einem schon oben angeführten Briefe aus Lüderitzland* heißt es: „Wie schon vorhin gesagt, nähren sie sich (die Eingeborenen) hauptsächlich von Viehzucht, und hier ist es vor allen Dingen das Rindvieh, welches ihren Reichtum ausmacht; früher sollen sie bedeutend reicher an Vieh gewesen sein, aber seitdem sie sich an europäische Bedürfnisse,

*) Deutsche Colonialzeitung 1885, Heft 5, S. 131.

namentlich an Branntwein gewöhnt haben, verarmen sie mehr und mehr. Hat doch vor Kurzem erst ein Hottentotte an einem einzigen Tage 60 Schafe vertrunken, natürlich unter getreuem Beistande guter Freunde und Nachbarn!" Wäre es für die Unglücklichen nicht besser gewesen, wenn sie nie mit den Segnungen der Civilisation in Berührung gekommen wären? Aber was hilft da alles Predigen? Wo der Geldsäckel anfängt, da hört die Humanität auf. Das hat auch der Opiumkrieg Englands gegen China gezeigt. Was kümmert sich der Handel darum, ob ein Volk physisch und moralisch ruiniert wird. Wenn nur Geld verdient wird, so ist es gleichgültig, ob der Eingeborene besser und civilisierter wird oder nicht. Man sucht sich mit der nichtssagenden Bemerkung zu entschuldigen, daß die Eingeborenen ihren eigenen Schnaps trinken würden, wenn der europäische nicht eingeführt werde. Aber diesen haben sie immer getrunken, ohne daß sich in sozialer Beziehung derartige nachteilige Folgen gezeigt hätten. Es ist ein großer Unterschied, ob sie sich ihr eigenes Bier oder ihren eigenen Wein aus dem Getreide, das sie ziehen, aus dem Honig, den sie gewinnen, selbst bereiten — was nicht zu jeder Zeit und einem jeden möglich ist —, oder ob jenes Rum genannte Gift ihnen von den Europäern dargeboten wird zum alltäglichen, beliebigen Gebrauche. Hat der Neger einmal den Alkohol kennen gelernt, so kann er nicht maßhalten. Der Europäer kann aber keine große Autorität als Prediger gegen den Alkohol beanspruchen, da er sich selbst dem Genusse hingiebt und gerade der im dortigen Klima lebende häufig ein sehr schlechtes Vorbild abgiebt. Wie der Herr, so der Diener. Jener Neger hatte ganz recht, seinem am Tische mit Wein und Bier sitzenden Herrn, der ihn, den angetrunkenen Diener, ermahnte, das Schnapstrinken sein zu lassen, zu erwidern: „Gieb mir dein Bier und deinen Wein, Herr, so werde ich keinen Schnaps mehr trinken." Würde nicht ein jeder Europäer mohamedanische Arbeiter, die nicht trinken, christlichen, die trinken, vorziehen?

Der Europäer im Verkehr mit den verschiedenen Stämmen; Kulturmissionen.

Es wird aber nicht nur hinreichen, den Neger in seinem engeren Heimatgebiete zu erziehen; es kann auch nicht vermieden werden, ihn zu verpflanzen, sowohl aus dem Grunde, weil, wie bekannt und natürlich, der Neger fern von seiner Heimat am besten zu gebrauchen ist, sondern auch deshalb, weil viele zum Teil sehr fruchtbare Gebiete von Volksstämmen bewohnt werden, die sich zum Ackerbau wenig oder gar nicht eignen und die sich dem Europäer feindlich gegenüberstellen. Hierher gehören in Ostafrika vor allem die Hirten- und Raubstämme der Gala, Massai, Kuafi und Somali; im Süden sind die Kaffern, im Südwesten die nomadisierenden Bewohner von Lüderitzland weniger zur Kultur geeignet. Die von den erstgenannten Völkern bewohnten Gebiete gehören zum großen Teile auch zu den fruchtbarsten und für den Europäer zuträglichsten, welche das tropische Afrika aufzuweisen hat. Es sind das die zwischen den ostafrikanischen Schneebergen Cap Guardafui, Victoria Nianza und Abessinien gelegenen Länder, deren Hochplateaus 5 bis 6000 Fuß über dem Meere liegen, während die Gebirge und Piks sich bis zum ewigen Schnee erheben. Die Veränderung im Klima, in den Regenverhältnissen und in der Vegetation beginnt in einer Höhe von 1400 Meter. In den nördlichen Teilen dieses Territoriums ziehen die Eingeborenen bereits einen ausgezeichneten Kaffee, auch Gold kommt dorther und das beste und meiste Elfenbein findet sich in diesen Gebieten, die ich zum Teil selbst kennen lernte.* Dabei ist die Ostküste des Somalilandes durchaus gesund, so daß sich die Agenten der europäischen Kaufhäuser, die von Sansibar dort sich vorübergehend aufhalten, trotz der hier herrschenden großen Wärme ordentlich erholen. Der Küstenstrich ist frei von Fieber, allerdings kahl und trocken, aber gesund, denn das ist im tropischen Afrika gleichbedeutend. Daß der Küstenstrich selbst nicht fruchtbar ist, hat insofern

* Ein ausführlicher Bericht über die Verhältnisse im Massailande mit Karte befindet sich in den Mitteilungen der Hamburger Geogr. Ges. 1882—83.

nichts zu sagen, als die Hinterländer Wert haben. Denn es ist ein hoch zu schätzender Vorteil, wenn die Küstenorte und Hafenplätze, wo sich hauptsächlich die Europäer aufhalten müssen, in gesundheitlicher Beziehung gut sind. Auch bietet der Jubafluß, der größte Fluß des Sansibargebietes, wie das unser deutscher Landsmann v. d. Decken gezeigt hat, einen günstigen Weg für das Eindringen ins Innere dar. Jedoch wie alles in Afrika sein „aber" hat, so auch hier; gerade dieses Gebiet wird von den allem Fremden feindlichen und, was das schlimmste ist, fanatisch mohamedanischen Somali bewohnt. Es läßt sich immer noch besser mit Menschenfressern verkehren, wie mit religiösen Fanatikern. Das wird freilich nicht hindern, daß auch hier die Civilisation, europäischer Handel und Verkehr eindringt, wenn es auch vielleicht ohne Blutvergießen nicht abgeht. Daß man übrigens auch bei diesen Nomadenstämmen noch Aussicht hat, sie zu ruhigen und ackerbautreibenden Leuten zu machen, das beweist die von mir konstatierte Thatsache, daß sich im Massailande Kolonien ackerbautreibender Kuafi befinden, die, vor Zeiten von ihren feindlichen Brüdern, den Massai besiegt, durch die Not gezwungen, sich zu diesem Leben bequemten und so mit der Zeit sehr friedliebende und umgängliche Menschen geworden sind, während der größte Teil ihrer Stammesgenossen noch ein wildes Nomaden- und Räuberleben führt.

Solche Überführung auf gewisse Zeit oder Verpflanzungen in andere Koloniegebiete können aber nur allmählich angebahnt werden; denn mit Gewalt darf man hierbei nicht vorgehen. Gerade die Stämme, die nach ihren Charaktereigenschaften und ihrer Neigung zum Landbau am meisten zu Verpflanzungen geeignet sind, entschließen sich am schwersten dazu, auf Jahre oder gar für immer ihre Heimat zu verlassen. Sie sind außerordentlich konservativ; die Stelle, wo einmal die Hütten angelegt sind, verlassen sie nur im äußersten Notfall, sie hängen ihrem Heimatsorte mit großer Liebe an. Die Wapokomoneger, die am Tanaflusse wohnen, entfernen sich nie aus der unmittelbaren Umgebung des Flusses, sie wohnen nur am Flusse, wie die Suaheli, die mohamedanischen Bewohner des Küstengebietes von Sansibar, nur an der unmittelbaren Küste ansässig sind. Wenn jene ihren Fluß, diese das Meer nicht sehen, so sind sie unglücklich. Der Neger des Inneren, der noch nicht viel mit Europäern umgegangen ist, sieht sich zunächst „seine“ Europäer, die sich in seinem Lande niederlassen, genau an; er hat in der ersten Zeit eine gewisse Scheu und begleitet den Fremden nicht außer Landes, wenn er nicht sicher ist, daß er einen guten Herrn hat. Es giebt ja im Osten wie im Westen Stämme, die es auf die Wanderschaft treibt; sie sind aber auch durch bestimmte Verhältnisse dazu gebracht worden. Die Krou-Neger von Liberia verdingen sich scharenweise auf den europäischen Schiffen auf 2—3 Jahre, man findet sie an allen Hafenplätzen. Die Wangwana von Sansibar vermieten sich auf 3 Jahre an die Kongogesellschaft, sie folgen dem Europäer überall, wohin er sie führt; sie sind aber durch die Reisen mit den arabischen Karawanen und durch den jahrelangen Verkehr mit den Europäern an das fortwährende Reisen gewöhnt. Aber auch sie gehen nicht so ohne weiteres mit jedem Europäer. Sie erkundigen sich vorher genau nach dem Charakter ihres späteren Herrn; sie fragen ob er „gut“ oder „schlecht“, ob er „hart“ oder „milde“ und vor allem, ob er «kali» oder «tartibu» d. h.: ob er hitzig oder gelassen sei. Denn nichts ist dem Neger mehr zuwider als Heftigkeit, Aufbrausen, zu große Unruhe; er will vorsichtig, bedachtsam, ruhig behandelt sein. Wer noch keine Geduld und Ruhe besitzt, der muß sie sich angewöhnen im Verkehr mit den Eingeborenen, sonst wird er nicht viel ausrichten. Aber wenn auch der Europäer eine gewisse orientalische Ruhe sich bald angewöhnt, drei Worte bleiben doch immer, bei denen er die Geduld verlieren möchte und die ihn mit Schrecken erfüllen; diese sind erstens: «inschallah»: so Gott will. Man erhält nie eine feste Zusage, nie eine einfach bejahende Antwort, sondern immer «inschallah». Zweitens: «schauri», d. h.: Beratung, Überlegung. Auch bei der nichtigsten und einfachsten Sache werden Beratungen veranstaltet, die immer von neuem Beginnen und an Gründlichkeit nichts zu wünschen übrig lassen. Das dritte Wort heißt «desturi»: Sitte, Gebrauch. Wenn dies dem Europäer vorgehalten wird, so ist er vollkommen machtlos, mag auch die Sache so unsinnig und zwecklos sein wie möglich. Hierfür ein Beispiel. Unweit des Schneeberges Kenia liegt die Landschaft Daitcho. Hier entspinnt sich regelmäßig beim Eintreffen der mohamedanischen Karawanen ein kleiner Kampf zwischen diesen und den Eingeborenen als Einleitung zu einem freundschaftlichen Handelsverkehr; letzterer beginnt erst dann, wenn Blut geflossen ist. Als ich die Leute nach dem Grunde dieser eigentümlichen Bewillkommnung fragte, erhielt ich zur Antwort: «Hapana sababu, desturi hi tangu themani.»

Der Sansibarneger ist sehr empfindsam; ein rauhes Wort am unrechten Platze giebt oft Veranlassung, daß er den Dienst kündigt. Der Neger hat eine scharfe Beobachtungsgabe; er erkennt bald die Schwächen des Europäers und weiß sie gut auszunützen. Auf Sansibar hat jeder Europäer seinen Negernamen, der ihm nach seinem Äußeren, nach seinem Charakter oder nach seiner Beschäftigung beigelegt wird. Da giebt es «bana ndevu», „Herr Bart" (Europäer mit großem Bart), «bana kelele», „Herr Lärmmacher", «bana katembo», „Herr Trinker", »bana wasimu«, Herr Verrückter", «bana pembe» „Herr Elfenbein" (der Agent eines Elfenbein-Hauses) und «bana mpiga ndaege», „Herr Vogelschütze" (so hieß der Verfasser).

Außer den Wangwana haben sich aus dem Osten auch einige Waniamwesi am Kongo verdingt, was als ein erfreuliches Zeichen dafür angesehen werden kann, daß sich die Neger mit der Zeit auf lange Jahre hin gleich den englischen Kulies für fremde Gebiete anwerben lassen werden. Doch ist zu berücksichtigen, daß diese Leute durch die Araber in mehr oder weniger gewaltsamer Weise als Träger ausgebildet worden sind. Auch der den Waniamwesi verwandte Stamm der Wassangu, der unserer ostafrikanischen Besitzung im Süden benachbart ist, hat Neigung zum Wandern und liefert gute Träger für reisende Europäer. Träger stellen übrigens fast alle Küstenstämme; ich hatte in meiner Karawane für das Massailand solche aus neun verschiedenen Stämmen, worunter auch Wangú und Wassegua, die sich nunmehr unseres Schutzes erfreuen.

Die meisten Stämme nahe der Ostküste sind als Landarbeiter gut zu verwerten. Unter ihnen würden die Wassangu, Wangú (letztere im deutschen Gebiete) und Waniamwesi ohne viel Schwierigkeiten in beliebigen Gebieten verwandt werden können. Die Bewohner von Ussagara, wie überhaupt der Gebiete, wo zahlreiche Karawanen passieren, sind insofern weniger leicht zum Arbeiten geneigt, weil sie durch die Tributzahlungen zu sehr verwöhnt und überhaupt in mancher Beziehung verdorben sind. Manche Stämme treiben nur Ackerbau, z. B. die Wapokomo, die meisten auch Viehzucht, wie die Wanika, Wadigo, Wassambá, Wassegua u. s. w. Die Wapokomo sind auf dem Wasser nicht weniger zu Hause wie auf dem Lande, vermögen aber nichts auf dem Kopfe zu tragen; wollte man ihnen das zumuten, so würden sie trotz ihrer Gutmütigkeit rebellieren. Die Sansibarleute vermögen nicht mit Rudern umzugehen; die Wassangu sind gute Landarbeiter und tüchtige Träger; die Waniamwesi zum Teil ebenfalls; aber beide tragen ihre Lasten nicht auf dem Kopfe, wie die mohamedanischen Sansibarneger; die ersteren zu zweien an einer Stange, die letzteren sind gewohnt, die in zwei Hälften geteilte Last an den Enden einer Stange auf der Schulter zu tragen. So hat jeder Stamm seine berechtigte Eigentümlichkeit, die man zunächst schonen muß. Manche Stämme sind besonders zur Erlernung von Handwerken geeignet. So haben die Bewohner von Tschaga am Kilima Ndjaro Geschick zu Holz- und Eisenarbeiten.

Um die nötigen Arbeiter zur Bewirtschaftung eines zum Anbau wertvoller Handelsgewächse geeigneten Bodens zu erlangen, würde zunächst die Anlegung von Kulturmissionen notwendig sein, und zwar besonders in solchen Gebieten, wo sowohl der Boden, als auch die Eingeborenen zur Plantagenwirtschaft sich eignen. Ehe man sich nicht wenigstens einen kleinen Arbeiterstamm herangebildet hat, kann man ja doch nicht zu Anlagen von Pflanzungen übergehen. Es werden natürlich sofort die nötigen Versuche im kleinen mit dem Anbau der verschiedenartigsten tropischen Handelsgewächse gemacht werden müssen, um zu ermitteln, welches Produkt am meisten Aussicht hat. Mit Übereilung und in kurzer Zeit geht das nicht. Wir haben bisher für Afrika so gut wie gar keine Erfahrungen und speziell in Ostafrika nicht. Es wird noch manches Lehrgeld kosten, bis wir wissen, ob und was dort in großem Maßstabe mit Gewinn kultiviert werden kann. Europäische Gärtner können im Anfange hier wenig nützen. Zu solchen Versuchen müssen fachmännische Personen aus den englischen oder holländischen Besitzungen erworben werden. Derartige Kulturmissionen können geeigneten Falls später in eigentliche Plantagengesellschaften übergehen, sie können aber auch, wenn das Gebiet für Pflanzungen sich nicht sehr geeignet erweisen sollte, als solche bestehen bleiben und nur den Zweck haben,

Arbeiter und Handwerker auszubilden und heranzuziehen. Damit ist noch nicht gesagt, daß eine Kulturmission wie die kirchlichen Missionen von milden Spenden leben soll, im Gegenteil sie muß dahin streben, baldmöglichst auf eigenen Füßen stehen zu können. Und das kann sie auch, wenn man die Sache praktisch anfaßt. Denn daran denken zu wollen, daß jemand für Kulturmissionen in demselben Sinne Geld gäbe, wie für die kirchlichen Missionen, wäre wohl ein wenig viel verlangt. Wie oft habe ich gewünscht, daß alle Diejenigen, welche dazu beitragen, daß alljährlich Millionen und Millionen so gut wie nutzlos vergeudet werden, einmal die Wirklichkeit im schwarzen Erdteile sehen könnten! Wie viel Segen könnte mit den Millionen in Afrika gestiftet werden! — Wenn irgend möglich, muß man Gebiete wählen, die Viehzucht gestatten; in solchen wird auch Straußenzucht betrieben werden können. In Ostafrika finden sich viele hierzu geeignete Gebiete, selbst in der Nähe der Küste. Diese Vielseitigkeit ist für das Unternehmen sowohl, als auch zur Erziehung der Eingeborenen von großem Wert. Es versteht sich von selbst, daß die nötigen Handwerksstätten von vornherein eingerichtet werden müssen, sowohl um die Eingeborenen anzulernen, als auch um alle für den Betrieb erforderlichen Arbeiten selbst ausführen zu können. In der Beziehung nehme man sich ein Beispiel an den Jesuitenmissionen. Die katholische Mission in Sansibar verrichtet mit ihren Zöglingen alle Arbeiten, die zur Herstellung von Gebäuden, Eisengeräten, Möbeln ꝛc. notwendig sind. Besitzt man Küstengebiet, so hat man sofort eine Kokosnußpflanzung anzulegen, man erzielt dann wenigstens nach 6—7 Jahren einen sicheren Ertrag von jährlich 1½ Mark Reingewinn pro Baum. Das Anlagekapital ist unbedeutend; man erhält hundert Nüsse für 3½—4 Mark. Pflege bedürfen sie weiter nicht, als daß drei- bis viermal im Jahre der Boden um den Baum aufgelockert wird.

Die Kulturmission wird bald in dem Stamme, unter dem sie lebt, die intelligenteren Individuen kennen lernen, welche zu diesem oder jenem Handwerke passen; die Leute werden auch selbst kommen und bitten, sie hierin oder darin zu unterrichten, wie es bei den Wangwana von Sansibar und im Westen bei den Mpongwe am Gabun nicht selten vorkommt. Erstere sind zu allen Arbeiten zu benutzen, zu Trägerdiensten, zum Häuserbau, als Diener im Hause, als Jäger, als Koch u. s. w.; sie erlernen in kurzer Zeit das Präparieren von Vogelbälgen, das Trocknen von Pflanzen und alle möglichen Verrichtungen, entwickeln hierbei einen großen Eifer und große Pflichttreue. Sie müssen jedoch immer die leitende Hand des Europäers fühlen; sich selbst überlassen, erlahmen sie bald in ihrem Eifer; es ist, als ob sie nur dann Lust hätten, wenn ihr Herr die geleisteten Arbeiten täglich sieht und anerkennt.

Die Sansibarneger, Freie wie Sklaven, besitzen musikalische Talente. Sie reproduzieren auf europäischen Kinderflöten die Stücke, welche des Sultans portugiesische Musikbande spielt. Sie haben überhaupt einen Sinn für Rythmus und musikalischen Takt. Alle Arbeit, die nach einem gewissen Rythmus verrichtet werden kann, geschieht nie ohne solchen; so vernimmt man mehr oder weniger monotonen Gesang beim Tragen schwerer Lasten, beim Anziehen der Schiffstaue, besonders aber beim Stampfen der cementierten Dächer arabischer Häuser, wozu eine Anzahl Kinder, Knaben und Mädchen, engagiert wird. Sogar einen Vorsinger und Improvisator muß man zu dieser Arbeit anwerben, weil sie sonst schlecht von statten geht. Dieser reiht alle möglichen komischen und ernsten Vorfälle und Einfälle in singendem Tone mit den entsprechenden Gesten aneinander, während die Kinder bei jedem Abschnitte mit einem bestimmten Refrain einfallen. Meist handelt es sich in diesen Gesängen um Essen, Trinken, Geld, schöne Kleider, Spazierengehen, Reisen und Heiraten. — Bei diesen Sansibarnegern spielt in Bezug auf ihre Geschicklichkeit und leichtere Auffassungsgabe schon die Vererbung eine starke Rolle. Sie, die brauchbarsten Neger Afrikas, sind aus der mohamedanischen Kultur hervorgegangen. Was wird erst aus ihnen zu machen sein, wenn der Europäer sich ihrer annimmt und sie in der richtigen Weise erzieht. Das ist zunächst nur durch eine regelmäßige Arbeit möglich; durch diese erhalten sie erst eine gewisse Zucht und Ordnung, die sie vorbereitet und fähig macht, allmälich auch in weniger mechanischen Dingen unterrichtet zu werden.

Es ist von großem Vorteile gleich im Anfange einen kleinen Stamm guter Leute zu besitzen, welche dem Europäer in dem Verkehr mit den Eingeborenen eine wesentliche Stütze sind. Dazu sind die Sansibarneger sehr geeignet. Ich habe so recht auf meiner Reise ins Massailand erfahren, wie selbst wenige gute Leute dem Europäer die Behandlung der übrigen erleichtern. Ich hatte nur acht Sansibarleute unter einer Anzahl von 100 Trägern, die sich aus den verschiedensten Elementen zusammensetzten. Wenn von diesen einige Ausschreitungen sich erlaubten, lässig oder widerspenstig waren, so wurden sie von jenen, über die ich niemals zu klagen hatte, zurechtgewiesen und angetrieben. Überhaupt giebt der Neger vortreffliche Aufseher und Polizei gegenüber seinesgleichen ab. Der Europäer braucht nur die Oberleitung und Kontrolle auszuüben, die spezielle Aufsicht über die Arbeiter kann er den Eingeborenen überlassen, besonders Sansibarnegern. Sie bilden auch die beste Schutzmacht und Polizei für die Kulturmissionen und Stationen.

Die Kulturmissionen müssen selbstverständlich ihr Hauptaugenmerk auf die Jugend richten, die intelligenteren Kinder werden in den mehr Intelligenz erfordernden Arbeiten zu unterrichten sein. Theoretische Unterweisungen im Lesen, Schreiben, Rechnen oder gar in der Erlernung des Deutschen sind zunächst nicht ratsam. Wenn man zuviel auf einmal verlangt, erreicht man das Gegenteil von dem, was man erstrebt: der Neger wird eher stumpfsinniger als gescheiter. Findet man besonders veranlagte Jungen, die für jenen Unterricht geeignet erscheinen, so kann man sie ja zur Ausbildung anderswo hinschicken. Als Umgangssprache hat man sich in Ostafrika der Suahelisprache zu bedienen, ein Bantuidiom, welches längs der ganzen Sansibarküste von den Mohamedanern gesprochen und auch noch bei den Küstenstämmen vielfach verstanden wird. Die Sprache ist wohlklingend, vokalreich, ans Italienische erinnernd, sehr leicht und rasch zu lernen. Sie bildet die Verkehrssprache von Aden bis nach Madagaskar hin. Es wäre wohl wünschenswert und zweckmäßig, sie überhaupt als internationale Sprache auf allen Stationen des Ostens und des Westens zu acceptieren; die Bantuneger lernen sie in kürzester Zeit. Es ist dies um so eher durchzuführen, als auch im Westen Sansibarneger verwandt werden. Befindet sich die Niederlassung im Inneren unter einem großen und kräftigen Volksstamme, so ist die Erlernung der Landesspache die erste Bedingung für eine ersprießliche Wirksamkeit und Erlangung von Erfolgen. Je selbstbewußter der Volksstamm ist, um so weniger ist er geneigt, sich im Verkehr einer fremden Sprache zu bedienen. Wir machen diese

Beobachtung besonders bei den mehrfach genannten Nomadenstämmen. Selbst unter den an der Küste wohnenden Gala, die schon so lange mit den Suaheli in mannigfache Berührung gekommen, findet man nur sehr wenige Individuen, die sich einigermaßen in der Suahelisprache verständigen können.

Die wichtigste Aufgabe solcher Kulturmissionen ist es, auf die unter den Europäern aufwachsende Jugend eine solche Einwirkung zu üben, daß sie später denselben auch in andere Gebiete hin folgt, da, wie gesagt, der Neger fern von seiner Heimat besser zu verwerten ist und manche fruchtbare, aber wenig bevölkerte Gebiete der Arbeiter bedürfen. Wenn der Neger erst das Wohlwollen der unter ihm lebenden Europäer erkannt hat, wenn er sieht, daß man ihn nicht mit allen möglichen ihm unbegreiflichen Dingen quälen will, so wird er auch seine Kinder willig zur Erziehung geben, um so mehr, wenn man dem Vater für die Arbeiten des Sohnes ein kleines Entgeld giebt. Man vertritt dann gewissermaßen Vaterstelle bei dem Kinde und hat auch das Recht zu strafen. Womit soll der Neger gestraft werden? Eine körperliche Züchtigung kann bis zu einem gewissen Alter jedenfalls nicht ganz entbehrt werden, wenn man sie auch nicht in der unchristlichen und barbarischen Weise ausführen wird, wie die englischen Missionare zu Mombassa. Unter manchen Stämmen wird man sie gar nicht anzuwenden brauchen. Für die Arbeiter einer Plantage giebt es bessere Mittel zu strafen; Lohnverkürzung oder Entziehung von Extragaben. Bei den verkommenen Küstenbummlern, besonders im Westen ist eine energische Reizung der Hautnerven oft das einzigste und beste Mittel, welches zum Ziele führt. Im allgemeinen dürfte Zwangsarbeit die geeignetste Strafe sein, die, wie wir gesehen haben, auch bei den Negern ein Strafmittel ist. An den Küstenplätzen, wo sich europäische Obrigkeit und Gerichtsbarkeit befindet, können die Verurteilten in irgend einer Weise für öffentliche Anlagen, Wegebauten rc. Verwendung finden. Gefängnisse können ja an den Küstenplätzen nicht entbehrt werden, aber die Gefängnißhaft ist nicht die geeignete Strafe für den Neger. Wenn er in einem reinlichen deutschen Gefängniß einquartiert wird, das jedenfalls besser als sein eigenes Haus, und dort nicht zu hungern braucht, dann wird er dieses Leben sehr behaglich finden und länger zu verweilen wünschen als er nötig hat. So verhält es sich jedenfalls mit dem Küstenneger. Aber auch auf diejenigen, welche wenig mit Europäern in Berührung gekommen sind, wird die Haft nur im Anfange Eindruck machen. Sie werden gewiß zuerst die grausigste Angst haben, sich vor dem Abschneiden der Ohren oder Abhacken der Hände (Sansibarsitte) fürchten oder gar glauben bei lebendigem Leibe geröstet zu werden. Die Angehörigen werden jammern und klagen um den Ärmsten, der sich in den Händen der grausamen und gefährlichen Fremdlinge befindet. Aber wenn sie ihn später gesund und munter, wohlgenährter als zuvor, zurückkehren sehen, ihn von der zuvorkommenden Behandlung, von dem schönen großen Hause, in dem man ihn bewirtet habe, erzählen hören, dann wird sich niemand mehr vor einem deutschen Gefängnisse fürchten. Zwangsarbeit ist die wirksamste Strafe.

Der Neger des Binnenlandes, der noch nicht wie der an der Westküste durch den jahrelangen Handelsverkehr und den früheren Sklavenhandel verdorben ist, muß milde behandelt werden, aber man muß ihm immer zeigen, daß man Herr ist. Wenn wir den Neger Generationen hindurch bevormundet haben, wenn wir ihn allmählich, indem wir mit jeder kommenden Generation größere Anforderungen an ihn stellen, einem anderen Thun und Denken entgegenführen, dann dürfen wir hoffen, daß wir ihn durch die Vererbung der erworbenen Eigenschaften zu einem selbständigen Menschen machen werden, der nicht mehr in seine alte Indolenz zurückfällt. Aber er muß viele viele Jahre Ambos bleiben, ehe er daran denken kann, Hammer zu werden.

Die Deutsch-Ostafrikanische Gesellschaft.

Ich bin zuweilen von meinen Bekannten gefragt worden, weshalb ich, der ich das Sansibargebiet so genau kenne, nicht mit einem Projekt hervortrete oder nicht Propaganda für die Kolonisation Ostafrikas mache.

Wäre man an die Öffentlichkeit getreten und hätte gesagt: „Wir haben ein großes Terrain in Ostafrika gegenüber der Insel Sansibar ins Geheim erworben, das Bergland Ussagara; es ist gut bewässert und besitzt soviel sich urteilen läßt fruchtbaren Boden.

Obwohl Malariafieber herrschen, ist das Klima doch gesunder als an den Flußmündungen. An eine Verwertung europäischer Arbeitskräfte ist aber auch in dem Hochlande, dessen Plateaus sich bis 2000 Fuß erheben, kaum zu denken. Dort läge das geeignete Terrain, um Kultivationsversuche mit wertvollen Handelsgewächsen anzustellen. Wir würden damit endlich einmal nachweisen, ob der afrikanikanische Boden den gehegten großen Erwartungen entspreche. Einstweilen produziert das Land nichts, was man exportieren könnte. Vom Handel ist in diesen Gebieten nicht viel zu erwarten, da der Elefant ausgerottet und der Elfenbeinhandel nach entlegenen Ländern riskant und wenig einträglich. Das Hauptgewicht muß auf Plantagenwirtschaft gelegt werden. Der Kaffee wird wahrscheinlich Aussichten haben, vielleicht auch Tabak; von europäischen Pflanzen höchstens der Weizen. Ob auch andere Kulturgewächse mit Erfolg zu ziehen sind, muß erst die Erfahrung lehren. Übrigens wird für die Zukunft das Gebiet, als in der Mitte der Ostküste und gegenüber dem Sansibarhafen gelegen, eins der wichtigsten in diesem Teile Afrikas werden.“ Hätte man das geglaubt? Nein! Hätte man Geld gegeben? Nein! Wenn man aber den Leuten gesagt hätte: „Eine neue deutsche Kolonie! Wir haben die größten Erfolge errungen! Ein Land von 2500 Quadratmeilen gegenüber der Insel Sansibar ist in deutschen Besitz übergegangen, das Klima ist für den Europäer gesund und gestattet auch dem Deutschen Landmann das Feld zu bestellen. Das bis 4000 Fuß hoch gelegene Bergland von Ussagara ist äußerst fruchtbar und ermöglicht die Kultivation aller Gewächse Javas und Indiens. Selbst unsere heimischen Pflanzen gedeihen prächtig, wie Wirsingkohl, Kohlrabi, Steck- und Mohrrüben. Stanley sagt über dieses herrliche Gebiet in seinem berühmten Werke: How I found Livingstone S. 225: „Wer direkt mit Usagara, Useguhha, Ukutu, Uhehe Handel zu treiben wünscht, Elfenbein, Zucker, Baumwolle, Orseillewurzel, Indigo und Korn aus diesen Ländern beziehen will, dem eröffnet sich hier eine schöne Gelegenheit“. Wir bestätigten die Beobachtungen Stanley's durchaus. Der Handel in den dortigen Gebieten zählt nach Millionen. Den Warenstrom der unser Gebiet passiert, werden nunmehr die Deutschen abfangen.“ Hätte man das geglaubt? Ja! Hätte man Geld gegeben? Ja! — Nun weiß der Leser, weshalb ich mich abwartend verhalten habe.

Es ist nicht jedem möglich das Publikum für eine gute und nationale Sache zu begeistern durch willkürliche Kombinationen und phantastische Darstellung der Wirklichkeit.

Jeder Deutsche und besonders der Verfasser, der Ostafrika liebgewonnen, muß es freudig begrüßen, das es der Deutschen Ostafrikanischen Gesellschaft mit anerkennungswerter Kühnheit gelungen ist, ein großes Gebiet gegenüber der Insel Sansibar, dem Centralpunkt des ostafrikanischen Handels, zu erwerben. Dieses Gebiet ist deshalb von besonderer Wichtigkeit, weil auch die Insel Sansibar ohne Zweifel in Zukunft der Platz bleiben wird, wo ein großer Teil der in Ostafrika zu kultivierenden Handelsprodukte zusammenfließt, wo der Hauptsitz der Regierungsorgane und der Europäer sein wird. Man darf wohl annehmen, daß jetzt, wo Deutschland in den Besitz dieses den Hafen von Sansibar von der Küstenseite einschließenden Landes gelangt ist, die Insel Sansibar in der Zukunft keinem anderen Staate gehören kann als Deutschland. Ich habe es jedoch für meine Pflicht gehalten, einem Unternehmen gegenüber Einwendungen zu machen, welches den Stempel des Mißlingens an sich trug, welches mit unglaublicher Unkenntnis der Verhältnisse, mit beispielloser Hintenansetzung aller bisher gemachten Erfahrungen die Gründung einer Ackerbaukolonie im tropischen Afrika bezweckte. Nicht eigene Kenntnis, Anschauung und Überlegung waren die leitenden Motive bei der Unternehmung, sondern phantastische Berichte anderer. Giebt man aber nicht durch ein solches Vorgehen den Gegnern der Kolonialpolitik die beste Waffe in die Hand? Aus meinen Darlegungen, hoffe ich, hat ein jeder die Überzeugung gewonnen, daß an Ackerbaukolonien im tropischen Afrika nie gedacht werden kann; man hätte annehmen sollen, daß dies von allen wahrheitsliebenden Männern, die seit Jahren sich bemüht haben, das Publikum über Ackerbaukolonien, Handelskolonien und Plantagengesellschaften aufzuklären, genügend hervorgehoben und bewiesen worden wäre. Der Leser wird aber auch aus dem hier über den Handel, speziell Ostafrikas Mitgeteilten sich vollkommen überzeugt haben, daß das neue Unternehmen auch nicht auf dem Handel basieren kann; denn wir haben gesehen, daß aus dem Innern

Afrikas außer dem Elfenbein nichts, gar nichts exportiert wird und daß überhaupt, soviel bekannt, nichts da ist, was sich lohnte, zur Küste gebracht zu werden. Wenn auch der dem Binnenlande entsprechende Küstenstrich zum Teil noch mit ausgebeutet werden könnte, so wären damit die Existenzbedingungen noch lange nicht gegeben. Es bleibt also auch für dieses Unternehmen, wie ich bereits früher hervorgehoben, nur die Plantagenwirtschaft.

Es ist den europäischen, speziell den Hamburger Kaufleuten auf Sansibar der Vorwurf der Indolenz gemacht worden, daß sie sich's auf Sansibar bequem machten und nicht versuchten an der Küste oder im Inneren festen Fuß zu fassen. Daß darin für die Kaufleute kein Gewinn liegt, haben wir bei der Betrachtung der Handelsverhältnisse gesehen. Wenn aber die Deutsche Ostafrikanische Gesellschaft das Land zwischen Sansibar und dem Tanganika-See mit den wertvollen Produkten Javas und Indiens beflanzt haben wird, dann werden die Kaufleute, die bisher nicht das dürre Gras im Inneren aufkaufen mochten, sich zu den Besitzungen der Gesellschaft wenden und für teures Geld die Produkte derselben kaufen. Dann, aber erst dann werden sich Konsortien bilden, um die kostspieligen Eisenbahnen zum Tanganika-See anzulegen.

Zum Tanganika-See strebt man — so hieß es wenigstens in den Zeitungen —, um den Anschluß an das sogenannte Kongobecken zu erreichen. Welchen Weg soll man dazu einschlagen? Nicht den über Tabora; und zwar aus dreierlei Gründen: erstens, weil der Weg die arabische Karawanenstraße bildet und überall arabischer Einfluß vorherrschend ist; zweitens, weil es der längere Weg und drittens, weil es der unbequemere ist, indem das Land unfruchtbarer und man das dürre Gebiet der ziemlich unzugänglichen Wagogo passieren muß. Man nehme daher die südlichere Route durch das Land der Wassangu und durch das Quellgebiet des Lufidschi-Flusses (Gebiete, die der Erwerbung wert sind), eventuell mit Berührung der Nordspitze des Niassasees. Die internationale Afrikanische Gesellschaft hat ihre Mißerfolge in Ostafrika hauptsächlich dem Umstande zu verdanken, daß sie ihre Etappenstationen auf dem Wege über Tabora und Ugunda anzulegen gedachte. In letzterem Gebiete hat bekanntlich eine zeitlang eine Deutsche Station bestanden. Damals fürchtete man angeblich den unweit von Tabora residierenden Häuptling Mirambo, der, wie man meinte, bei der Verfolgung einer mehr südlich gelegenen Route eine Einbuße an Tribut fürchten und deshalb sich feindselig verhalten würde. Jetzt fallen diese Bedenken fort, denn Mirambo ist vor einiger Zeit gestorben.

Aber weshalb will man denn gerade zum Tanganika? Die natürliche Abzugslinie des gesamten Tanganikagebietes ist der Kongo und der Transportweg für die Länder um den Niassasee dieser und der Sambesi, dessen Küstengebiet in portugiesischem Besitz ist. Zudem befinden sich am Niassasee englische Missionsstationen, und neuerdings haben die Engländer auch einen Weg von der Nordspitze des letzteren zur Südspitze des Tanganikasees hergestellt, auf dem schon Waren befördert werden. Glaubt man die Produkte der Zukunft oder das jetzt dort gewonnene Elfenbein auf dem Landwege nach Sansibar billiger befördern zu können als auf dem Wasserwege nach Quelimane und Banana?

Kann denn nichts in Ostafrika ohne Anschluß an das Kongobecken geschehen? Ist dies das allein seligmachende Gebiet in Afrika? Es ist in der That nicht einzusehen, weshalb Ostafrika, speziell Sansibar, einen Anschluß ans Kongogebiet, an den Tanganika-See besitzen muß. Wenn man dorthin will, so fahre man doch lieber den Kongo hinauf. Noch kommt allerdings Elfenbein vom Tanganika nach Sansibar, aber nur durch die arabischen Karawanen; es wird nicht mehr lange dauern, dann geht auch dieses dem Westen zu über den Kongo. Des Elfenbeins allein wegen werden wir aber nicht den Tanganika aufsuchen; und dort auf dem Wege von Sansibar aus Plantagen anlegen zu wollen, hat keinen Zweck, da später alle Produkte auf dem natürlichsten, einfachsten und billigsten Wege, auf dem Kongo, befördert werden.

Wir Deutsche, die wir jetzt Besitzungen in Ostafrika haben, wir müssen unseren Blick anderswohin wenden, wir müssen eine Verbindung mit dem Viktoria-See herstellen. Hier liegt die Zukunft für das Sansibargebiet; das ist eine Lebensfrage für das Unternehmen, wenn es von großer Bedeutung werden soll. Wir müssen vor allem am Speke-Golf eine Niederlassung, wir müssen einen Dampfer auf dem Viktoria-Nianza haben und eine zweite Station bei Massala am Nordostufer im Gebiete der Kawirondo errichten. Das sind Handelsgebiete, die dem Sansibarhandel nicht entrissen werden, wenn wir sie rechtzeitig in Besitz genommen haben. Auf diesem Wege sind wir eher als die Italiener in den fruchtbaren, hochgelegenen Gebieten, deren Anfänge am Naiwascha-See ich kennen gelernt habe und die sich nach dem Samburu-See und nach Abessinien hin erstrecken. Hier unweit von Massala findet man das beste, billigste und meiste Elfenbein; hier liegen die Hochplateaus bereits 5—6000 Fuß über dem Meeresspiegel, während die Gebirge sich bis 15,000 Fuß erheben. Der Nation, welche bei Massala zuerst Station macht, gehört ein Teil der besten Gebiete ganz Afrikas, welche die Italiener vom roten Meer durch das Land der feindseligen Somali zu erreichen bestrebt sind. Wenn überhaupt afrikanische Gebiete eine große Zukunft haben, dann sind es diese nordöstlich vom Viktoria-See gelegenen; wenn man irgendwo im Binnenlande am Elfenbeinhandel ein Geschäft machen kann, so ist es dort. Der etwas nähere Weg vom roten Meere und von Mombassa aus ist wegen der Feindseligkeit der Eingeborenen (Somali und Massai) schwierig. Vom Speke-Golf aus kann man eine Strecke von über 50 geographische Meilen ohne weiteres zu Wasser zurücklegen. Von dort kann man sich ohne Schwierigkeit mit dem schönen und wichtigen Lande Uganda und Karagwe in Verbindung setzen, überhaupt in bequemer Weise die ausgedehnten um den See liegenden Gebiete mit Leichtigkeit erreichen, die fruchtbarer sind wie die an den Tanganika-See grenzenden. Die Verkehrsstraße, welche wir später zu letzterem anlegen müßten, kann ebensogut oder noch besser die Richtung zum Viktoria-See nehmen. Noch besser insofern, als, wenn einmal in Zukunft — wo wertvolle Handelsgewächse die Gefilde Ostafrikas schmücken — eine Eisenbahn gebaut werden soll, deren Anlage sich auf dem Wege Ugogo—Speke-Golf weniger Terrainschwierigkeiten entgegenstellen, als dies nach dem Tanganika-See hin der Fall ist.

Noch eine Frage dürfen wir an dieser Stelle nicht unberührt lassen. Soll es gestattet sein, indische oder japanesische Kulis in unsere deutschen Besitzungen zu bringen? Nein, entschieden nein! Vom socialen, wirtschaftlichen und moralischen Standpunkte aus muß man dagegen sein. Dürfen wir in ein Land, das Arbeitskräfte in Überschuß hat, noch fremdländische einführen? Nein! dürfen wir uns durch die teueren indischen Arbeiter die Arbeitslöhne in Afrika verderben? Nein! Dürfen wir die Eingeborenen mit dem Abschaum der indischen Bevölkerung in Berührung bringen? Nein!

Wir können ein solches Verfahren auch unseren Nachkommen gegenüber nicht verantworten. Denn wer wird später die Arbeit verrichten, wenn die Kuli-Importation einmal plötzlich aufhört oder verboten wird, wie es mit der chinesischen jetzt schon geschehen ist? Man sage nicht, daß man nur für den Anfang die Kulis als Aushülfemittel versuchen wolle. Wenn wir den Neger nicht von vorneherein richtig behandeln und an Arbeit gewöhnen, so ist hernach nichts mehr mit ihm anzufangen, dann wird es später ohne blutigen Zwang nicht abgehen. Man sage nicht, daß die Kulis als Arbeiter den Negern ein gutes Beispiel geben würden; wir haben in Sansibar gesehen, was gute Beispiele einbringen; die schlechten Eigenschaften wird der Neger von ihnen annehmen, nicht das Arbeiten.

Wenn wir den Charakter des Negers verschlechtern, anstatt verbessern, wenn wir seine schlummernde Arbeitskraft noch mehr einschläfern, anstatt anregen, wenn wir ihn demoralisieren, anstatt sittlich heben wollen — dann bringe man jene indischen Arbeiter niederster Klasse in unsere deutsche Besitzung, von der man behauptet hat, daß sie ein Ausgangspunkt deutscher Kultur und deutscher Sitte sein soll. — Einer richtig geleiteten Kulturmission, die kein Kloster ist, sondern in lebendigem Verkehr mit den Eingeborenen steht, die nicht unter ihnen abgesondert, sondern mit ihnen lebt, wird es in den geeinigten Gebieten an Erfolg nicht fehlen, ebensowenig einer praktisch in dem nötigen Umfange und mit den entsprechenden Geldmitteln durchgeführten Plantagenwirtschaft. Wir müssen nur immer die nackte Wirklichkeit im Auge behalten und mit dieser rechnen, nicht mit Illusionen. Mühe, Zeit und Geld wird es kosten, ehe lohnende Resultate sich ergeben. Wem es vor allem darauf ankommt, bald einen Gewinn zu erzielen, gehe nach Westafrika, errichte Faktoreien an der Küste und kaufe Palmkerne und Palmöl, aber er glaube nicht, daß er durch Landankauf im Inneren oder durch eine Niederlassung an einem Küstenpunkte Sansibars in kurzer Zeit ein Geschäft machen könne.

Afrikanische Tiere im Dienste des Menschen.

Bekanntlich hat man von belgischer Seite im Jahre 1879 den Versuch gemacht, indische Elefanten als Transportmittel in Ostafrika zu verwenden. Viel Geld ist dabei geopfert worden, ohne irgend welche Resultate zu erzielen. Ob die Elefanten an dem schlechten Wasser und der veränderten Nahrung oder, wie einige annehmen, durch den Biß der Tsetsefliege zu Grunde gegangen sind, ist nicht zu entscheiden. Jedenfalls kann es nicht Wunder nehmen, daß alte indische Elefanten, die an Reiskost und überhaupt an sehr gute Pflege gewöhnt sind, den ihnen ungewohnten Verhältnissen und Entbehrungen erliegen. Es kann überhaupt nicht die Absicht sein, indische Elefanten in Afrika im großen zu verwerten; es würde dies viel zu kostspielig werden. Soll die Elefantenarbeit eine Zukunft haben in Afrika, so muß man die afrikanischen Elefanten einfangen und abrichten. Das erfordert geringere Mittel als wie der Einkauf und Transport indischer Elefanten. Entweder engagiert man zu dem Zwecke Hamran-Jäger, welche auch der bekannte Tierhändler Hagenbeck im Somalilande zum Einfangen von Tieren benutzt, oder man lasse sich Singhalesen von Ceilon kommen. Erstere schießen die Muttertiere und bemächtigen sich der Jungen, letztere fangen in der Weise, daß sie sich an eine Herde heranschleichen und den jüngeren Tieren Schlingen um die Füße werfen. Auf letztere Art sind die meisten Elefanten gefangen, die von Ceilon in den Handel kommen. Man würde solche Jäger für 40 Mark monatlich wohl erhalten, und eine Anzahl von zehn würde genügen. Der Massenfang, wie er in Ceilon mit Hülfe von hunderten von Jägern und durch Herstellung einer ausgedehnten starken Einfriedigung üblich, verursacht zu große Kosten und wäre in Afrika schwer durchführbar.

Wenn auch der Elefant erst mit dem fünfzehnten bis zwanzigsten Jahre zu angestrengteren Arbeitsleistungen fähig ist, so können doch auch jüngere Tiere benutzt werden. Diese bilden nach wenigen Jahren jedenfalls die brauchbarsten Lasttiere. Vier bis fünf Jahre alte Tiere, die auf oben angeführte Art eingefangen werden, sind schon zu verwerten und vermögen 200—400 Pfund zu tragen. Neun Fuß hohe afrikanische (10—15 jährige) tragen 1000—1300 Pfund. Erstere haben in den Handelsmenagerien einen Wert von 5—600, letztere einen solchen von 7000 Mark. Wenn auch diese Preise verhältnismäßig gering genannt werden müssen, so hat es doch keinen Zweck, gezähmte Elefanten zu importieren, denn zum Einfangen und Abrichten der eingefangenen jungen einheimischen bedarf man ihrer nicht.

Ein fünf Fuß hoher Elefant verlangt etwa 70 Kilo Nahrung täglich. Bei fünfstündigem Marsche kann er sich sein Futter zum größten Teile selbst suchen. In der Freiheit liebt er besonders das Laubwerk gewisser Bäume, das er mit den Zweigen verzehrt. In Ostafrika sind es vorzugsweise die Abhänge wasserreicher Berge, an denen er anzutreffen ist, in der trockenen Jahreszeit die Umgebung der Seen und größerer Flüsse: er nähert sich dann mehr der Küste. Gras würde der zahme Elefant fast überall finden, zu jeder Jahreszeit, aber es wird notwendig sein, ihm ein um den anderen Tag eine Portion Durrha oder Mais zukommen zu lassen, da an seine Kräfte größere Anforderungen gestellt werden und er auch als Gefangener nicht die gehaltvolle Nahrung zu erlangen imstande ist, welche er in der Freiheit findet, wo er enorme Strecken durchwandert und absucht. Man müßte daher in allen solchen Gebieten, wo man nicht immer Gelegenheit hat, Getreide einzukaufen, für eine Elefantenkarawane einige mit Getreide belastete Tiere mitführen. Übrigens können die Elefanten ja auch auf den Stationen zu mannigfachen anderen Arbeiten Verwendung finden. Im Osten ist der Transportelefant insofern leichter zu verwerten, weil sich hier weniger Wald und Dickicht vorfindet, durch welches ein bepackter Elefant sich nicht durchzuarbeiten vermag, abgesehen davon, daß auch die Lasten dabei zuviel leiden würden. Das Terrain muß frei sein; wo dichter Wald nicht zu umgehen ist, muß erst ein Weg gebahnt werden.

Was die oft angezweifelte Zähmung und Abrichtung des afrikanischen Elefanten anbetrifft, so ist dieselbe nicht schwieriger wie die des indischen; ein Beispiel liefern die bei Hagenbeck befindlichen. Dieser ausgezeichnete Kenner in der Behandlung und Abrichtung von Tieren sagt aus, daß der afrikanische Elefant allerdings etwas schwerer begreife, als der indische, daß er aber in derselben Weise zu verwerten sei wie letzterer. Man hat natürlich zur Abrichtung eine sachkundige Person nötig, die aber leicht zu beschaffen ist.

Während der Elefant besonders zur Beförderung sehr großer und schwerer Gegenstände nur noch in Gebieten verwandt werden wird, wo sich andere Tiere nicht wohl fühlen, können in einem großen Teile des Ostens für viele Transportartikel die Esel mit großem Vorteil als Lasttiere benutzt werden. In den feuchten Küstendistrikten, in einem großen Teil von Ussagara und überall da, wo die Tsetse-Fliege zu Hause ist, hält sich der Esel weniger gut oder ist gar nicht verwendbar; dagegen ist er besonders in den trockenen Gebieten des Binnenlandes von großem Wert und wird auch vielfach von den Eingeborenen als Haustier gehalten. Ich hatte bei meiner Reise ins Massailand 40 Esel in der Karawane, die sich sehr gut bewährten. Es gingen zwar viele zu Grunde, aber nur deshalb, weil die Elfenbeinhändler sie in roher Weise behandelten, sie überlasteten und ihnen nur ein sehr ungenügendes Polster auflegten, so daß sich bald in Folge des Druckes bösartige Geschwüre bildeten. Es werden mit Vorliebe die Esel des Massai benutzt, welche zwar sehr häßlich von Gestalt, aber ausdauernder und kräftiger sind wie die Uniamwesi-Esel und auch höher im Preise stehen. Sie tragen durchschnittlich 150 ℔ (engl.), die Mohamedaner belasteten manche mit 200 ℔. Bei gutem Schutz gegen Druck und mit 150 ℔ Gewicht halten sie bei 5—6 stündigen Tagemärschen gut aus; doch muß man ihnen jede Woche einen Rasttag gönnen. Unkosten verursachen sie weiter gar nicht; sie nehmen mit jedem Futter vorlieb. Die Mohamedaner stecken die Lasten in Doppeltaschen, die, aus zwei Häuten zusammengesetzt, quer über gelegt werden. Alle Tauschwaren, Getreide und auch Elfenbein (Zähne bis 2½ Fuß Länge) werden auf diese Weise transportiert. Es ist das billigste und einfachste Transportmittel in den Massai- und Somaliländern, gewiß aber auch noch für viele andere Gebiete des Ostens. Ein Massai-Esel kostet an der Küste 35—50 Mark, im Inneren kann man ihn für 10—20 Mark in Waren kaufen. Die Rasse kann jedenfalls durch Pflege und Zuchtwahl noch sehr vervollkommnet werden. Was sich in der Beziehung selbst aus einem Esel machen läßt, zeigen die arabischen, von Maskat stammenden, welche wirklich schöne und kluge Tiere sind und als ausgezeichnete Reittiere bei den

Arabern in hohem Werte stehen. Ich habe große, weiße Maskatesel gesehen, die mit 700 Mark bezahlt wurden. Für eine Reise ins Innere sind sie nicht zu verwenden, auch nicht als Reittiere, wenigstens die weißen nicht; man hat die Beobachtung gemacht, daß die dunkelfarbigen das Klima besser ertragen. Die Massai benutzen auch Ochsen als Lasttiere.

Das Kameel findet sich in Ostafrika nur im Somalilande; südlich vom Äquator kommt es nicht mehr gut fort. Die auf Sansibar importierten, welche zum Drehen der Ölmühlen benutzt werden, ertragen das Klima nur schlecht und halten nicht lange aus.

Der Kongostaat.

Es ist keine Frage, daß wir es hauptsächlich den vielversprechenden Schilderungen und dem thatkräftigen Vorgehen des ausgezeichneten Stanley zu danken haben, daß der schwarze Kontinent so populär geworden und in jüngster Zeit alle Nationen und besonders auch die deutsche zu energischer Thätigkeit in Bezug auf Erwerbung nnd Kultivation afrikanischer Länder angeregt hat. Die Gründung des nunmehr allseitig anerkannten Kongostaates ist sein Werk. Aber nur deshalb konnten die Mühen und Anstrengungen von Erfolg sein, weil der hochherzige Sinn und die fürstliche Freigebigkeit eines Königs dieser im großen Maßstabe angelegten Kulturmission sein Interesse zuwandte.

Woraus besteht der jetzige Kongostaat? Aus einigen zwanzig Etappenstationen, die an den Flußufern über eine Strecke von 300 geographischen Meilen verteilt sind. Auf diesen befinden sich etwa 200 Europäer, welche eine Anzahl von ca. 1600 mohamedanischen Sansibarnegern arbeiten lassen, die sich auf drei Jahre an die Kongogesellschaft verdingt haben und einen monatlichen Lohn von 4 — 6 Dollar erhalten. Es kommen daher einstweilen auf jeden Beamten, wie man einen im Dienste der Kongogesellschaft befindlichen Europäer wohl nennen kann, acht Kolonisten. Die Europäer setzen sich aus den verschiedensten Nationen zusammen: Belgiern, Deutschen, Engländern, Franzosen, Italienern, Oesterreichern, Schweden, Norwegern, Dänen, Polen, so daß der Kongoneger bei der seiner Rasse eigenen Beobachtungsgabe und dem ihr angeborenen

Sprachtalent und Nachahmungsvermögen gewiß in kurzem erstaunliche Fortschritte in Bildung, Gesittung und Sprachkenntnissen machen wird. Die Arbeiten, zu welchen die Kolonisten, d h. die Sansibarneger, verwandt werden, bestehen in der Bedienung der Europäer, in der Herstellung und Instandhaltung der Wohnungen, in Trägerdiensten, Verrichtungen auf den Dampfern und in der Bestellung der Gärtchen, welche bei vielen der Stationen angelegt sind. In den Gärtchen zieht man Bananen, Zuckerrohr und einige europäische Gemüse. Am Stanley-Pool sind auch Kartoffeln gepflanzt worden, welche genießbar, jedoch ebenso wie die übrigen europäischen Nährpflanzen ohne guten Dünger nicht gedeihen. Hier hat man auch mit der Kultur von Kaffee begonnen, die sich aber nicht lohnen soll. In den portugiesischen Kolonien Südwestafrikas arbeitet man noch heutigen Tages mit Sklaven, deshalb können dort selbst Zuckerrohrpflanzungen noch Gewinn abwerfen. Der Reis gedeiht in der feuchten Umgebung des Stanley-Pools gut, bedarf am wenigsten Arbeit und ist auch insofern am vorteilhaftesten, weil er zum Unterhalt der Europäer dienen kann Ob andere wertvolle Handelsgewächse in den bis jetzt in Besitz genommenen Gebieten mit Vorteil angepflanzt werden können, darüber ist noch nichts an die Öffentlichkeit gedrungen. Nur die offiziellen Berichte geben spärliche Nachrichten über die Zustände im Kongolande. Die bei der Kongogesellschaft angestellten Europäer müssen sich kontraktlich verpflichten, nichts von dem, was sie sehen und hören, zu veröffentlichen.

Es befinden sich jetzt etwa 20 Dampfer auf dem Kongo, die vorzugsweise auf der Strecke Banana-Vivi laufen. Von Vivi müssen die Waren bekanntlich auf den Köpfen der Neger ca. 50 deutsche Meilen bis zum Stanley-Pool transportiert werden, wo der Kongo wieder schiffbar wird.

Wenn wir von dem Küstengebiete absehen, wo ein nicht unbedeutender Handel blüht, der von verschiedenen Nationen getrieben wird, so ist von dem Handel im Kongobinnenlande nicht viel zu sagen. Importiert wird allerdings nicht wenig, denn die Dampfer bedürfen Kohlen, die Eingeborenen verlangen Geschenke und Tribut, für den Ankauf von Land gebraucht man Tauschwaren, für die Sicherheit der Stationen Munition, für den Häuserbau verschiedene Materialien u. s. w. Außerdem muß auch Proviant für die auf den Stationen befindlichen Europäer herbeigeschafft werden. Kaffee, Thee, Kakao, Mehl, Brandy, Liqueure, die verschiedensten Konserven werden in wahrhaft fürstlicher Weise zum Unterhalt des Verwaltungspersonals in das dunkele Innere importiert. Denn darin stimmen alle überein und ist nie eine Meinungsverschiedenheit unter den Angestellten der verschiedenen Stationen hervorgetreten, daß ein gutes Leben, eine gute Nahrung die Hauptsache ist, um den klimatischen Einflüssen auf drei Jahre Widerstand zu leisten. Ganz besonders scheinen die am Unterlaufe stationierten Engländer hiervon überzeugt zu sein, denn die weiter oberhalb ansässigen Europäer finden in den für sie bestimmten Kisten nicht selten an den Stellen, wo die besten Sachen und vor allem Brandy sich befinden soll, betrübende Lücken.

Was den Export des Kongobinnenlandes anbetrifft, so ist bisher darüber nichts veröffentlicht worden. Nur las man vor einiger Zeit in den Zeitungen die Notiz, daß in Vivi 8000 Elefantenzähne bereit lägen. Selbst wenn kein Druckfehler vorliegt und vielleicht 800 oder 80 gemeint waren, so wäre das Ergebnis in geschäftlicher Beziehung kein glänzendes zu nennen. Denn dieses Quantum hat unter gewöhnlichen Verhältnissen einen Wert von ca. 2 Millionen Mark; aber auch angenommen, man hätte sich nur die großen Zähne „bringen" lassen, so daß sie das Doppelte, also 4 Millionen Mark wert seien, so würde diese Summe doch, wenn man den Zeitraum von 7 Jahren berücksichtigt — solange besteht die Kongogesellschaft — eine sehr geringfügige sein, zumal wenn man bedenkt, welche Summen das Unternehmen verschlungen hat und noch verschlingt.

Das sogenannte Kongo-Komitee will aber auch, soviel man weiß, keine Handelsgesellschaft sein und keinen eignen Plantagenbetrieb unternehmen, sondern nur die verwaltende, beaufsichtigende und leitende Behörde darstellen. Es werden sich, wie bereits verlautete, Gesellschaften bilden, die Faktoreien anlegen und Grund und Boden nutzbar machen wollen. Diese müssen von dem Kongostaate die Ländereien oder etwaige Bergwerke kaufen oder in Pacht nehmen, denn der Staat muß in der Zukunft doch auch Einnahmen haben, um die Verwaltungsunkosten bestreiten zu können. Eine einheitliche, straffe Leitung kann sowohl der Eingeborenen als auch besonders der verschiedenartigen europäischen Elemente wegen nicht entbehrt werden. Auf den Charakter der Neger übt es einen sehr demoralisierenden Einfluß aus, wenn sie Gelegenheit haben, die sich widerstrebenden Interessen der Europäer kennen zu lernen, und nichts erschwert die Anbahnung gesicherter Zustände mehr, als wenn in einem kleinen Gebiete sich Besitzungen verschiedener Nationalitäten befinden. Der Kongostaat hat eine Schutzmacht nötig, wenn dieselbe auch wegen der Neutralität des Gebietes nicht groß zu sein braucht. Aber schon der arabischen Station in Nyangwe wegen bedarf man einer solchen. Einstweilen besteht das Militär aus Haussa-Leuten, die aber von so heftigem und gewaltthätigem Charakter sind, daß sich selbst die Europäer vor ihnen fürchten und daß man ihnen Sansibarneger beigiebt, um sie einigermaßen im Zaume halten zu können.

Es heißt, die sich bildende belgische Handels- und Plantagengesellschaft wolle den Bau einer Eisenbahn in Angriff nehmen. Was aber auf derselben außer den zur Erhaltung der Stationen nötigen Importwaren befördert werden soll, ist vollkommen unklar. Ein einziger kleiner Eisenbahnzug würde genügen, um das gesamte Elfenbein des Kongogebietes zur Küste zu bringen. An eine Rentabilität ist für lange Zeit nicht zu denken. Ehe keine anderen wertvollen Produkte vorhanden sind, ehe man nicht einmal weiß, ob und welche Handelsgewächse sich mit Gewinn kultivieren lassen und ob vorteilhafte Bergwerke vorhanden sind, ehe man vor allem nicht einmal Arbeitskräfte gewonnen hat, um die verschiedenen Vorhaben ausführen zu können, ist es in der That unverständlich, weshalb man schon jetzt eine so kostspielige Anlage machen will, deren Unterhaltung für die Reihe von Jahren, wo an einen namhaften Export nicht zu denken ist, bedeutende Kosten verursachen wird. Man scheint sich Amerika zum Muster nehmen zu wollen. Dort baut man Eisenbahnen in die Wildniß, legt Wege an und zeichnet Städte auf, wo kein Verkehr und keine Niederlassungen bestehen, und nach kurzer Zeit finden wir fruchtbare Äcker, blühende Industrie und große Ortschaften. Das geht in Amerika, denn dieses Land ist eine Ackerbaukolonie, wo der Boden und das Klima einer Masseneinwanderung europäischer Kolonisten günstig ist. In Afrika, wo nur der Eingeborene kolonisieren kann, ist solch ein plötzlicher Umschwung, ein plötzliches und rasches Aufblühen nicht möglich. Hier können sich die Dinge nur langsam entwickeln. Man spricht von Dampfern, Eisenbahnen, von Straßennetzen, von Bergwerken und Pflanzungen, aber wie man sich die hierzu nötigen Arbeitskräfte verschaffen will, daran denkt man nicht. Die Arbeiterfrage ist für den Kongostaat eine um so brennendere geworden, als, wie bereits erwähnt, der Sultan von Sansibar nicht mehr gestattet, wenigstens einstweilen nicht, in seinem Sultanate für jene Gesellschaft Arbeiter anzuwerben. Für unsere deutschen Unternehmungen in Ostafrika kann es nicht unerwünscht sein, wenn die guten Kräfte im Lande verbleiben. Aber selbst alle Sansibarleute zusammengenommen reichen nicht entfernt zu den Zwecken aus, die man verfolgt. Es sind ja im Kongostaate eingeborene Arbeitskräfte in Überfluß vorhanden. Aber wie soll man sie gewinnen? und zwar rasch gewinnen, denn man braucht sie sofort in großer Anzahl.

Bekanntlich war Oberst Gordon, der Märtyrer von Chartum, zum Gouverneur des Kongostaates ausersehen, als ihm von seiner Regierung der Auftrag wurde den aufrührerischen Sudan zu besänftigen. Dieser eigentümliche Charakter, der ein Gemisch war von Frömmigkeit und Aberglaube, der einerseits die Humanität auf seine Fahne schrieb, anderseits aus Nützlichkeitsrücksichten die Sklaverei wieder freigab, ging mit der Absicht um, in Centralafrika alle Sklaven freizukaufen und sie im Kongostaate anzusiedeln. Diese Idee ist gewiß außerordentlich praktisch, und es ist keine Frage, daß wenn man, ohne inhuman zu sein, ohne die Stämme zu Streit und Zank zu verleiten und zum Sklavenfang anzuregen, alle Neger aufkaufen und ihnen fern von ihrem Geburtsorte ein neues Heim schaffen könnte, dies das wirksamste Mittel wäre, sowohl Afrika zu kultivieren, als die Eingeborenen zu civilisieren. Jedenfalls würde sich ein solches Vorgehen eher rechtfertigen lassen, als eine Importation von indischen Kulis. An der Äquatorstation verdingen die Ehegatten (Eigentümer?) ihre Weiber (Sklavinnen?) für einen billigen Lohn an die Station und führen selbst die Aufsicht über sie. In Centralafrika, besonders im Westen, in der Umgebung des Tanganika-Sees hat man, wie schon oben bemerkt, Gelegenheit genug, Arbeiter auf Lebensdauer „anzuwerben“. Da wohnt unter anderen der Stamm Warungu am südwestlichen Ende des Sees, wo der

Pater familias seine Angehörigen verkauft. Ein ausgewachsenes Individium hat einen Werth von etwa 30 Meter Baumwollenzeug, das an Ort und Stelle, also einschließlich der Transportkosten auf circa 25 Mark sich beläuft. — Vorausgesetzt, daß der Sklave selbst wünscht, freigekauft zu werden und sich verpflichtet, seinem Befreier 10 oder 20 Jahre, vielleicht auch lebenslänglich, für einen vereinbarten Lohn Dienste zu thun, so kann man wohl weder vom humanen, noch rechtlichen Standpunkte dagegen sein, daß ein solcher Mensch „gekauft" werde.

Der Kongostaat schließt nach den Vereinbarungen der Berliner Konferenz mit dem Westufer des Tanganika-Sees nach Osten hin ab. Am Westufer dieses Sees befindet sich die gut gelegene Station Mpala (ca. 6° 40′ s. Br.) und am Ostufer die weniger günstig situierte ihr gegenüberliegende Karema. Diese letztere ist die einzige Station, welche die Kongogesellschaft in Ostafrika besitzt, von einer Aufhebung ihrer Stationen in den östlichen Gebieten kann also keine Rede sein. Die Kongogesellschaft hat überhaupt nie andere Stationen in Ostafrika inne gehabt. Nur hat sich vorübergehend ein Agent in der arabischen Ortschaft Tabora, wo sich ein Gouverneur des Sultans von Sansibar befindet, aufgehalten. Im Anschluß an die Unternehmungen der Internationalen Afrikanischen Gesellschaft, welche bekanntlich beabsichtigte, eine Kette von Stationen — die berühmte sogenannte weiße Linie — von Westen nach Osten zu ziehen, errichteten sodann die Franzosen eine Etappenstation in Kondoa (Ussagara), und die Deutschen eine solche in dem Lande Ugunda unweit Tabora, die aber ungünstiger Verhältnisse wegen aufgegeben werden mußte und auch von geringer Bedeutung war. Die belgischen Expeditionen, welche bisher von Sansibar ausgingen, hatten nur den Zweck, die zuerst angelegte Station Karema zu verproviantieren, was ja bisher nur von Osten aus geschehen konnte und auch jüngst noch geschehen sollte, wenn man die nötigen Träger hätte erlangen können.

Nach dem Urteile aller, welche Karema kennen gelernt haben, ist die Wahl des Ortes keine glückliche gewesen. Das Land ist zu Pflanzungen nicht geeignet. Karema ist ein Beobachtungsposten, weiter nichts. Man hat viel Wesens in gewissen Zeitungen davon gemacht, daß Karema nunmehr „fast" imstande sei, sich selbst zu unterhalten.

Geht man aber der Sache auf den Grund, so ist diese Selbstunterhaltung eine enorm kostspielige. Denn alle drei Jahre muß eine Karawane von 200 Mann mit dem nötigen Proviant, den erforderlichen Tauschwaren und etwaiger Munition in Begleitung eines den vorigen Chef ablösenden Europäers zur Station geschickt werden, was unter 50,000 Mark nicht ausgeführt werden kann. Wie stellen sich diesen Ausgaben gegenüber die Einnahmen der Station? Ein Europäer wohnt in einem möglichst gut gebauten und bequem eingerichteten Lehmhause und läßt etwa 200 Neger, die zum größten Teil befreite Sklaven sind, arbeiten, d. h. sie müssen das Feld bestellen, um ihren Unterhalt zu gewinnen. Auch hält man Schafe, Ziegen und einige Rinder, um für sich selbst Milch, für die Arbeiter der Station Fleisch und für das Gemüsegärtchen Dünger zu gewinnen. Abgesehen von dem europäischen Gemüse und von der Art der Einrichtung, unterscheidet sich die Niederlassung in nichts von einem Negerdorfe. Bananen, Zuckerrohr, Mais, Negerhirse, Erbsen, Bohnen pflanzen die Neger auch, Kleinvieh und Großvieh halten die Neger ebenfalls. Es wird weder ein wertvolles Produkt kultiviert, noch überhaupt etwas produziert, durch das sich eine Einnahme erzielen ließe, um die tausende, welche für Löhne und für europäischen Proviant ausgegeben werden müssen, wieder einzubringen. Solche Stationen sind ja notwendig, und jedes größere Unternehmen muß ja für den Anfang aus solchen einzelnen Niederlassungen bestehen, aber man hat kein Recht, bei einer Etappenstation wie Karema von Selbstunterhaltung oder irgend einer Leistung in kultureller Beziehung zu sprechen. .

Wer wird die Kultivation des. Kongostaates betreiben? Wir sehen, daß das Nationalitätsprinzip heute mehr wie je Geltung hat, daß eine jede Nation und ein jedes Nationchen das Bestreben hat, sich zu konsolidieren, sich als selbständiges, individuelles Ganze abzusondern. Es ist schwer denkbar, daß sich hier ein internationaler Staat bilden wird, wenigstens nicht im anderen Sinne als Belgien auch ein internationaler Staat ist. Der neue Staat ist Freihandelsgebiet, wie der größte Teil Centralafrikas einschließlich des Sansibargebietes (vorbehaltlich der Zustimmung des Sultans). Aber trotzdem alle diese Länder des Ostens und Westens zum Freihandelsgebiet gehören, ist doch eine jede Nation bemüht, sich innerhalb desselben nationales Gebiet zu sichern. Die verschiedenen Nationen haben soviel mit ihren eigenen Gebieten in Afrika und solchen, die es noch werden sollen, zu thun, daß sie sich nicht auch noch mit der Kultivation des Kongostaates abgeben können. Frankreich vermag nicht einmal sein eigenes Besitztum zu kolonisieren, die Portugiesen fühlen sich nur bei portugiesischer Wirtschaft glücklich, die Italiener haben am roten Meer genug zu thun, Deutschland hat unterdessen selbst Besitzungen in Afrika erworben, die noch eine weitere Ausdehnung gestatten, Rußland hat in Asien soviel zu kultivieren, daß es wohl neidlos auf die um den schwarzen Weltteil sich abmühenden Nationen blicken wird, Amerika hat seiner Baumwollenstoffe wegen zwar ein großes Interesse an Afrika, es ist aber selbst noch zu viel Kolonie, um anderes Land kolonisieren zu wollen. Das nimmersatte England wird mit seinem Gelde den Kongostaat auszubeuten suchen, denn seine Industrie hat den größten Gewinn bei dem afrikanischen Handel, im übrigen absorbieren seine eigenen Kolonialländer genug einheimische Kräfte. Es wird daher vorwiegend die Aufgabe der belgischen „Nation" sein, dem Kongolande die „Segnungen der Civilisation" und „christliche Kultur und Gesittung" zu bringen.

Der Kongostaat hat große Verluste gehabt. Das fruchtbarste, zur Plantagenwirthschaft geeignetste Land, das Flußgebiet des Kuilu mit etwa einem Dutzend gut eingerichteter Stationen im Werte von 4 Millionen Mark ist an Frankreich verloren gegangen; die, wie es heißt, besten Territorien des südlich vom Kongo gelegenen Gebietes, die Hinterländer der portugiesischen Provinzen, gehören ihm nicht und an der Mündung ist es eingeklemmt zwischen portugiesischem Besitz, wo eher von einer „Heidenwirtschaft" die Rede sein könnte, als bei den wirklichen Heiden des dunkelen Weltteils.

Deutsch Afrika.

Der Neger versteht eher englisch als der Engländer die Negersprache; der Deutsche spricht in kurzem die Sprache der Eingeborenen, während die Letzteren kein Wort Deutsch lernen. In dieser Thatsache drückt sich so recht der Gegensatz von englischem und deutschem Wesen aus. Der Engländer hält an seiner Sprache, an seinen Sitten und Gebräuchen, an seinen Anschauungen auch in der Fremde fest, er ist bestrebt nach dem Muster seines Mutterlandes auch die neue Heimat einzurichten. Der Deutsche besitzt mehr die Fähigkeit, sich andern Verhältnissen anzupassen, er hat die Neigung, seine heimatlichen Gewohnheiten und Institutionen zu vergessen und sich fremde anzugewöhnen. Diese Eigenschaft der Deutschen hat ihre Nachteile, aber auch ihre großen Vorzüge. Sie befehigt ihn mehr als den Engländer, ein fremdes Volk zu civilisieren, weil er ihm nicht so fremd gegenüber stehen bleibt wie der Engländer, weil er sich in dessen Anschauungen mehr einlebt und, was sehr wichtig ist, bald in seiner eigenen Sprache mit ihm redet. Die Gefahr, sein Deutschtum in der Fremde zu verlieren, ist in früheren Zeiten erklärlich gewesen, wo das Nationalgefühl, welches sich jetzt mehr entwickelt hat, äußerst gering war. In Afrika kommt diese Eigenschaft des Deutschen, in der Fremde seiner Heimat sich zu entfremden, nicht in Betracht. Das was die Engländer allein vor den Deutschen einstweilen noch voraus haben, sind ihre Jahrhunderte langen Erfahrungen in kolonialen Angelegenheiten und ihr Selbstbewußtsein, welches sich durch ihre großen Erfolge in fremden Erdteilen ausgebildet hat.

Deutschland ist erst spät in die Lage gekommen, sich auf koloniale Unternehmungen einlassen zu können. Die besten Teile der Welt waren bereits in den Besitz anderer übergegangen. Nur Afrika bot und bietet noch sogenannte herrenlose Länder. Sollen wir aber deshalb, weil diese weniger wertvoll sind als andere, überhaupt darauf verzichten? Wir müssen uns mit dem begnügen, was vorhanden ist und mit um so größerer Anstrengung und Fleiß unseren Besitz zu verwerten suchen. Es unterliegt keinem Zweifel, daß manche jetzt noch öde und unfruchtbare Distrikte durch die Zufuhr von Wasser zu guten Ackerländern umgeschaffen werden können, und daß durch die Anpflanzung von Wald ein stärkerer Regenfall bewirkt werden wird. Einstweilen finden sich aber, wenn auch weite Strecken für Pflanzungen wertlos sind, noch Gebiete genug, welche kultivationsfähig genannt werden können. Wir dürfen zunächst nicht zu wählerisch sein, selbst wenn wir einige unfruchtbaren Gebiete mit in den Kauf nehmen müssen.

Wie gering auch die Verwertung von überschüssigen Arbeitskräften in jenen Gebieten sein möge, so ist der geringe Nutzen besser als gar keiner. Wir sehen, daß alle Nationen sich um Afrika bemühen, soll Deutschland allein der Verteilung der Welt ruhig zusehen?

Es heißt in der That sehr egoistisch, engherzig und kurzsichtig denken, wollten wir deshalb vor der Kultivation Afrikas zurückschrecken, weil das Land heute noch wenig bietet und weil es viele Mühe und Geld kostet, ehe etwas Großes und Gewinnbringendes geschaffen wird. Dürfen wir denn nur an unseren eigenen Geldbeutel denken? Haben wir nicht die Pflicht, auch das Interesse der nachfolgenden Generationen zu wahren und die Zukunft Deutschlands zu berücksichtigen? Afrika ist das Land der Zukunft, was wir jetzt säen, das wird Deutschland dereinst ernten.

Glücklicherweise hat Deutschland die Frage, ob wir kolonisieren sollen, erledigt; es handelt sich jetzt nur darum, wie wir kolonisieren sollen.

Es ist schon mehrfach die Frage aufgeworfen worden, ob wir das englische oder niederländische Kolonialsystem annehmen sollen? Ich glaube, daß wir nicht danach trachten müssen die afrikanischen Verhältnisse in ein System einzuzwängen, sondern daß wir die dortigen Zustände sich zu einem System entwickeln lassen müssen. Afrika ist nicht Indien oder Java, und die Neger sind keine Afghanen oder Malayen. Es muß zunächst den Privatintentionen überlassen bleiben, die Eingeborenen zur Hülfeleistung heranzuziehen. Welche Prinzipien dabei zu verfolgen sind, muß den Leitern derartiger Unternehmungen anheimgegeben werden und muß sich nach dem Charakter des betreffenden Volkes und anderen Umständen richten. Es wird alles von der Geschicklichkeit in der Behandlung der Eingeborenen abhängen. Der Staat hat zunächst nur darüber zu wachen, daß die Eingeborenen gegenüber den Weißen geschützt werden, daß keine übermäßige Ausnutzung der Arbeitskräfte stattfindet. Er hat darauf zu achten, daß sich die Lage der Eingeborenen verbessere, nicht verschlechtere zum Vorteile einiger weniger Fremdlinge. Eine Plantagengesellschaft, die nicht zugleich auch Kulturmission ist im besten Sinne des Wortes, die nur darauf ausgeht auf Kosten der Eingeborenen und des Landes sich zu bereichern, hat keine Berechtigung. Ein Unternehmen, das nur durch Sklavenarbeit bestehen kann, das lediglich durch Löhne einen Gewinn erzielen kann, die den Arbeitern nur eine kümmerliche Existenz ermöglichen, ist weder vom humanen Standpunkte aus zu billigen, noch auf die Dauer existenzfähig. In einem Lande wie Afrika, wo die in Wechselverkehr tretenden Kräfte sich so ungleich sind, ist eine schrankenlose Konkurrenz ein Verderb für die Eingeborenen und für die Entwickelung gesunder Zustände. Den Eingeborenen ist eine Selbsthülfe nicht möglich. Der Staat hat ein großes Interesse daran, darüber zu wachen, daß die Eingeborenen mit den veränderten Verhältnissen zufrieden sind und daß nicht in dem schwarzen Weltteile eine neue sociale Frage erwachse, die nicht weniger gefahrlos sein würde wie die im Heimatlande.

Aus dem Grunde müssen wir dem Neger aber auch zeigen, daß wir die Herren sind, und ihm begreiflich machen, daß wir nicht nur Verpflichtungen gegen ihn haben, sondern daß er auch solche gegen uns hat. Dafür, daß er unseren Schutz genießt, können wir eine Gegenleistung beanspruchen. Wir werden es mit der Zeit unschwer dahin bringen können, daß er auch dem Staate seine Steuern zahlt und zwar durch seine Arbeitsleistungen. Bei uns Deutschen besteht die allgemeine Wehrpflicht; die schwarzen Unterthanen müssen zur allgemeinen Arbeitspflicht erzogen werden; denn stehende Heere haben wir dort nicht nötig. Ein Arbeiterheer kann sich der Staat hier schaffen, das er zu gemeinnützigen Anlagen, auch zur Ausnutzung von Bergwerken und der Forsten verwendet. Die Organisation der Arbeit wird die Hauptaufgabe nicht nur der Privatunternehmer, sondern auch des Staates bilden.

Denn es muß das Bestreben des Staates sein, die Kolonialländer für die Gesamtheit nutzbar zu machen. Es ist nicht zu vermeiden, sowie die Verhältnisse liegen, daß der Gesamtheit mehr Lasten und mehr Gefahren dadurch erwachsen. Das Tochterland soll dem Mutterlande als solchem unmittelbare Vorteile bringen.

Es ist ja wahr, daß ein Teil unseres intelligenteren Proletariats auch in den Tropenkolonien Verwendung finden kann, daß gewinnbringende Plantagen- oder Bergwerks-Unternehmungen unserer Industrie zu gute kommen, aber es werden doch immer nur gewisse Industriezweige und nur verhältnismäßig wenige Personen sein, welche Nutzen aus der Kultivierung afrikanischer Gebiete ziehen.

Man wird auf Indien hinweisen und die Reichtümer anführen, welche dieses Land seinen Besitzern eingebracht hat. Afrika ist aber kein Indien; ersteres ist ein armes Land mit wenigen natürlichen Reichtümern, letzteres ist von der Natur sehr bevorzugt und birgt viele Schätze. Indien hat eine sehr arbeitsame Bevölkerung und eine nicht unbedeutende Kultur, es ist so übervölkert, daß die Bewohner sich kaum im eigenen Lande ernähren können. Es besitzt viele reiche Eingeborene, welche durch ihre Steuern dazu beitragen, daß die englischen Beamten ein wahrhaft fürstliches Gehalt beziehen. Und Afrika? Es besitzt nur ein großes Proletariat, das mit leichter Mühe sein Leben fristen kann und das keine Bedürfnisse hat. Für unendlich lange Zeit werden Afrikas Bewohner eine arme Arbeiterbevölkerung bleiben, die nur die Mittel besitzt, sich das notdürftigste anzuschaffen. Man sehe sich die indischen Landarbeiter an, wie gering ihre Bedürfnisse sind. Was der Neger vorzugsweise kaufen und was er notwendig brauchen wird, sind Baumwollenstoffe. Je mehr die Kultur fortschreitet, um so mehr wird der größte Teil der Artikel, welche jetzt noch eine Hauptrolle auf dem afrikanischen Markte spielen, wegfallen: Draht und Perlen. Schon jetzt können wir im Sansibargebiete die Bemerkung machen, daß die Stämme der Küstenregion keinen Eisen- und Messingdraht mehr kaufen, daß selbst Perlen schon sehr zurückgedrängt sind und daß der Mann gar keinen Schmuck mehr trägt. Statt dieser Schmuckgegenstände schafft man sich jetzt lieber mehr oder bessere Baumwollenstoffe an. Mit dem Vordringen der Weißen und der Civilisation wird dies auch im Binnenlande der Fall sein. Schließlich werden die Eingeborenen nur noch Baumwollenstoffe kaufen und vielleicht einige bessere Perlsorten für das Weib. Ein Spaten zum Beackern des Landes, ein Messer und höchstens noch als Luxusgegenstand eine Schüssel billiger europäischer Steingutwaren, ein kleiner Spiegel und eine Nähnadel werden die Artikel sein, die wir bei unseren zukünftigen Arbeitern finden, für Jahrhunderte kann man wohl sagen. Mit Baumwollenstoffen vor allem werden wir in Zukunft die Arbeitsleistungen der Neger bezahlen. Stanley rechnet aus, daß, wenn jeder Einwohner des Kongobeckens auch nur einen Sonntagsanzug jährlich gebrauche, dies 320 Millionen Yards Kalliko ausmache, und daß, wenn man zwei Sonntags- und vier Werktagsanzüge*) jährlich rechne, dies 3840 Millionen Yards im Werte von 16 Millionen £ (320 Millionen Mark) ergebe. Was profitiert unser Vaterland hierbei? Wir haben gesehen, daß Deutschland einstweilen sogut wie gar keine Baumwollenstoffe nach Afrika exportiert. Der größte Gewinn, den Afrika überhaupt der Industrie eines Landes zu bieten vermag, geht für Deutschland verloren, wenn wir nicht mit den englischen und amerikanischen Fabriken konkurrieren können. Die billigen Baumwollenartikel, welche für unabsehbare Zeit in dem afrikanischen Handel eine Hauptrolle spielen werden, die sogenannten „Grey Sheetings" werden bisher ausschließlich in Manchester, die „American Sheetings" und „Drills" ausschließlich in den Vereinigten Staaten fabriziert. Die Schweiz vermag in gewissen Stoffen mit England zu konkurrieren, weil sie während der Sommerzeit die billige Wasserkraft zur Verfügung hat. Seiner Baumwollenwaren wegen ist England in der Lage, ganz andere Summen als Deutschland ohne zu großes Risiko in Afrika anzulegen. Ein Hamburger Haus in Sansibar hat mit bedruckten deutschen Baumwollenwaren aus dem Rheinlande mehrfache Versuche gemacht, die jedoch erfolglos geblieben sind. Die Ware stellte sich zu teuer, weil die Fabrikanten das Gewebe aus Manchester beziehen müssen und es in Deutschland lediglich gefärbt oder bedruckt wird. In Westafrika ist es, wie schon oben bemerkt, Woermann gelungen, bedruckte deutsche Baumwollenwaren mit Erfolg auf den Markt zu bringen, wenn auch nur in sehr bescheidenem Maße. Ob die deutsche Industrie imstande sein wird, auch diese für den afrikanischen Markt wichtigsten Stoffe zu liefern, soll hier nicht untersucht werden. In den Kreisen der Fachmänner herrscht hierüber geteilte Ansicht. Es ist aber nicht einzusehen, weshalb das nicht gelingen sollte, zumal wenn wir überseeische Gebiete besitzen, in welchen wir selbst unsere Baumwolle ziehen könnten. Solcher Gebiete birgt das äquatoriale Afrika aller Wahrscheinlichkeit nach noch genug.

Aber auch selbst angenommen, daß wir es mit der Zeit dahin brächten, mit den englischen und amerikanischen Fabrikaten zu kon-

---

* Darunter hat man ein 2 Meter langes Stück Baumwollenzeug für die Hüfte und ein 4 Meter langes für den Oberkörper zu verstehen. Nur ersteres wird bei der Arbeit getragen.

kurrieren und daß auf diese Weise unsere Industrie auch einen nennenswerten Anteil an dem Nutzen hätte, den Afrika abwirft, und nicht blos einige wenige Aktiengesellschaften, die ihre Waren im Auslande kaufen müssen, so würde doch immer nur ein verhältnismäßig geringer Teil des Volkes einen Gewinn aus der sogenannten Kolonisation Afrikas ziehen, während die gesamte Nation für die Sicherheit der Kolonialländer, für die sie schützende Flotte mit Gut und Blut aufkommen müßte. Es wäre daher nicht mehr wie billig, wenn der Gesamtheit, d. h. dem Staate ein Teil des Gewinnes, den die Tochterländer in Zukunft abwerfen, zufiele und zur Erleichterung der Lasten im Mutterlande diente. So gut wie der Staat hier seine Forsten hat, können auch dort Waldungen auf Staatskosten ausgebeutet werden, so gut wie der Staat hier Bergwerke besitzt, kann er sie dort auch zum allgemeinen Besten bearbeiten lassen. Das Elfenbein, dessen Gewinnung keine nennenswerte Arbeitsleistung erfordert, kann einen Zoll vertragen.

Vor allen Dingen muß Grund und Boden in Afrika unveräußerliches Staatseigentum werden. Wenn der Landerwerb in Afrika so fortgeht, so befindet sich das Äquatorialgebiet bald in den Händen einiger Privatpersonen oder Aktiengesellschaften. Es ist die Pflicht des Staates dafür zu sorgen, daß die unter seinen Schutz gestellten Kolonialländer nicht der Ausbeutung einzelner anheimfallen, sondern möglichst der Gesamtheit zu gute kommen. Es ist damit nicht gesagt, daß der Staat Plantagenwirtschaft treiben soll; das ist Sache der Privatunternehmungen, die das Land vom Staate auf eine Reihe von vielleicht 15 Jahren in Pacht nehmen. Es wird auch der Privatunternehmungsgeist auf afrikanische Gebietserwerbungen nicht lahm gelegt, wenn den Unternehmern der sehr billige Ankaufspreis zurückerstattet und ihnen dabei das Recht zugestanden wird, das Land auf 15 oder mehr Jahre für einen ganz geringen Pachtpreis zu bewirtschaften. Denn eine Gesellschaft, die Land in Afrika erwirbt, wird sich doch nur solches aussuchen, das guten Ertrag für Plantagenwirtschaft verspricht, und durch diese kann sie Gewinn genug erzielen. Plantagenwirtschaft kann ohne bedeutendes Kapital nicht betrieben werden; denn sie rentiert sich nur im großen. Es kann sich zwar auch das kleinere Kapital hierbei beteiligen, aber es bleibt doch immer nur ein Bruchteil der Bevölkerung, welchem es seine

Mittel erlauben, durch Teilnahme an derartigen Unternehmungen Vorteile zu ziehen. In überseeischen Ländern, wo Ackerbaukolonien möglich sind, liegen die Verhältnisse ganz anders. Hier ist ein jeder in der Lage, durch seiner Hände Arbeit, durch seinen eigenen Fleiß sich eine Existenz zu schaffen, und auch den gänzlich Unbemittelten kann dies durch kleine Vorschüsse ermöglicht werden; in Afrika kann nur der thätig sein, der im Dienste des Kapitals steht; ohne großes Kapital ist dort nichts zu erreichen.

Dies muß bei Zeiten ins Auge gefaßt werden; jetzt ist es noch ohne Kosten und große Schwierigkeiten möglich und nirgends leichter durchzuführen wie in Afrika. Die erste Bedingung ist natürlich, daß wir Land erwerben. Da der Staat nicht die Initiative ergreifen will, so müssen diese Erwerbungen, wie ja auch schon geschehen, von Privaten ausgehen; deshalb handele man, so lange es noch Zeit ist, und man erwerbe nicht nur zum eigenen Vorteil, sondern für Deutschland.

Druck von J. F. Richter, Hamburg.

FSC
www.fsc.org
MIX
Papier | Fördert gute Waldnutzung
FSC® C083411

Kolibri 360 GmbH
Ferdinand-Juhlke-Straße 7
99095 Erfurt, Deutschland
produktsicherheit@kolibri360.de